海绵城市灰绿雨水设施适应性优化配置方法

姚雨彤　李家科　黄国如　著

中国建筑工业出版社

图书在版编目（CIP）数据

海绵城市灰绿雨水设施适应性优化配置方法 / 姚雨彤，李家科，黄国如著. -- 北京：中国建筑工业出版社，2024. 8. -- ISBN 978-7-112-30300-7

Ⅰ. TU984

中国国家版本馆CIP数据核字第20247V5Q68号

气候变化正在改变城市的降雨特征，使城市降雨径流的水文及水质特征发生显著变化，导致内涝及面源污染现象加剧。本书针对气候变化影响下海绵城市灰绿雨水设施适应性优化配置问题，分析了研究区域历史和未来城市降雨的变化规律；建立了灰绿雨水设施配置决策指标体系及多目标优化决策模型，阐明了灰绿雨水设施耦合协调机制；建立了灰绿雨水设施配置的适应性优化决策模型，提出了适应未来气候变化的海绵城市灰绿雨水设施最优决策方案。本书理论成果可为海绵城市建设规划提供参考，对城市雨洪管理具有重要的科学意义和应用价值。本书可供给排水科学与工程、市政工程、水灾害模拟等领域的科技工作者和研究生参考和借鉴。

责任编辑：张文胜
责任校对：赵　力

海绵城市灰绿雨水设施适应性优化配置方法

姚雨彤　李家科　黄国如　著

*

中国建筑工业出版社出版、发行（北京海淀三里河路 9 号）
各地新华书店、建筑书店经销
北京点击世代文化传媒有限公司制版
建工社（河北）印刷有限公司印刷

*

开本：787 毫米 × 1092 毫米　1/16　印张：8¾　字数：178 千字
2024 年 8 月第一版　2024 年 8 月第一次印刷
定价：**38.00** 元
ISBN 978-7-112-30300-7
（42233）

如有内容及印装质量问题，请联系本社读者服务中心退换
电话：（010）58337283　QQ：2885381756
（地址：北京海淀三里河路 9 号中国建筑工业出版社 604 室　邮政编码：100037）

前言

气候变化正在改变城市的降雨特征，降雨在发生频率及量级方面逐渐极端化，使城市降雨径流的水文及水质特征发生显著变化，城市雨水管理系统也受到严重影响，导致内涝及面源污染现象加剧。城市雨洪管理在暴雨径流量管控、径流水质改善以及城市内涝防治等方面面临严峻挑战。为应对城市雨洪管理面临的挑战，我国相继出台了相关政策，例如《中共中央关于制定国民经济和社会发展第十四个五年规划和二〇三五年远景目标的建议》《国务院办公厅关于推进海绵城市建设的指导意见》《国家适应气候变化战略 2035》等，提出增强城市防洪排涝能力，加快建设海绵城市、韧性城市、气候适应型城市。在城市雨水管理系统中，海绵城市灰色基础设施和绿色基础设施功能互补，能有效缓解城市内涝和面源污染。但是，由于未来气候变化的不确定性，城市雨水管理系统对气候变化的反应将更加复杂，灰绿雨水设施的配置是否有足够的弹性来应对未来内涝及面源污染风险未知。因此，寻求在未来情景下具有适应性的灰绿雨水设施方案，对提高城市雨水系统的弹性具有重要意义。

本书在国家自然科学基金面上项目（海绵城市生物滞留系统典型持久性有机污染物环境行为及生态风险研究，52070157）、陕西省秦创原“科学家＋工程师”队伍建设项目（海绵城市建设关键技术研发与产业化“科学家＋工程师”队伍，2022KXJ-115）和西安理工大学省部共建西北旱区生态水利国家重点实验室出版基金资助下，针对气候变化影响下海绵城市灰绿雨水设施适应性优化配置问题，以陕西省西安市典型区域——小寨为研究对象，综合运用现场监测、模型模拟、环境经济学方法、优化算法以及适应性决策等方法和技术手段，取得了显著成果，主要包括：①分析了研究区域历史和未来降雨变化特征，构建了未来设计雨型驱动的城市雨洪及面源污染 1D-2D MIKE 模型，揭示了气候变化条件下城市雨洪及面源污染演变规律。②建立了灰绿雨水设施配置决策指标体系，对灰绿雨水设施的全生命周期成本效益进行了货币化计算，构建了灰绿雨水设施多目标优化决策模型，阐明了灰绿雨水设施配置耦合协调机制。③分析了灰绿雨水设施配置对不确定性因素的响应规律，建立了灰绿雨水设施配置的适应性优化决策模型，提出了适应未来气候变化的海绵城市灰绿雨水设施最优决策方案。本书可为解决海绵城市灰绿雨水设施在不确定性条件下的多目标配置问题提供参考。

全书由西安理工大学姚雨彤、李家科统稿和定稿，华南理工大学黄国如参与撰写。由于作者水平有限，书中难免存在不妥之处，望广大读者批评指正。

目录

第1章 绪论

1.1 城市雨洪管理研究背景

政府间气候变化专门委员会（IPCC）第六次评估报告（AR6）显示，人类活动导致全球气候以前所未有的速度增暖，未来全球气候变化将进一步加剧[1]。由于大气中温室气体浓度的上升，降雨事件明显波动[2]。即使在年降雨变化率很小的地区，极端降雨出现的概率、强度增加，持续时间延长[3]。同时，城市化的快速发展使得大量不透水地面代替了原来能够涵养水源的自然地面，改变了天然状态下的水文机制，形成大量地表径流，径流污染严重[4]。城市排水系统承担着维护城市水安全的重任，可以收集并输送地表径流雨水。但是，在气候变化和城市发展的综合影响下，城市极端暴雨天气频发，其突发性更大，不确定因素更多，致使城市排水系统的排水能力显著降低[5]。此外，城市排水系统的“快排”模式使得地表汇流时间大幅度缩短，进一步导致城市内涝灾害频发[6]，面源污染严重。然而，未来气候变化影响下的内涝风险特征及城市雨水系统弹性变化不明确。因此，研究历史和未来气候条件下城市降雨的演变特征以及对降雨径流的影响，可为城市雨洪管理提供理论依据。

城市雨洪管理在暴雨径流量管控、径流水质改善以及城市内涝防治等方面面临严峻挑战[7，8]。为此，我国提出了海绵城市理念，旨在采用源头削减、中途转输、末端调蓄等手段，提高对径流雨水的渗透、调蓄、净化、利用和排放能力，以系统解决城市水生态、水安全、水资源、水环境等问题[9–11]。海绵城市由低影响开发雨水系统（如雨水花园、下沉式绿地、透水铺装等）、城市雨水管渠系统（雨水管道、地表明渠、地下暗渠等）及超标雨水径流排放系统（调蓄池、深层隧道、地表行泄通道等）组成[12，13]，三套系统互相衔接，共同发挥控制内涝与面源污染的作用。2020年发布的《中共中央关于制定国民经济和社会发展第十四个五年规划和二〇三五年远景目标的建议》中强调，增强城市防洪排涝能力，建设海绵城市、韧性城市。其中，韧性城市是指城市能够凭自身的能力抵御灾害，减少灾害损失，并能够从灾害中快速恢复[14，15]。2022年6月，生态环境部等17个部门联合印发的《国家适应气候变化战略2035》指出，加强建设源头减排、蓄排结合、排涝除险、超标应急的城市防洪排涝体系；系统化全域推进海绵城市建设；到2035年，各城市排水防涝能力与建设气候适应型城市、海绵城市、韧性城市要求更加匹配[16]。气候适应型城市、海绵城市和韧性城市均为城市雨洪管理提供指引，根据建设气候适应型城市、海绵城市、韧性城市要求，因地制宜、因城施策，为提升气候变化条件下的城市内涝与面源污染控制能力提供有力支撑[17]，也为我国生态文明建设和国家安全提供保障。

灰色基础设施即传统意义上的市政基础设施，其基本功能是实现雨水的收集、输送、处理和排放。绿色基础设施注重自然生态系统的利用，充分发挥自然界对雨水径流调节和污染物吸附、降解作用。虽然传统的灰色基础设施可以最大限度地减少地表积水和溢流问题，但可能导致生态系统和水力特性受损，并且不能解决降雨径流污染的根本问题，建设成本也较高[18]。因此，仅依靠传统的灰色基础设施，很难以较低的成本和生态友好的方式解决城市内涝和面源污染问题。在常规降雨中，绿色基础设施可以有效地实现初期降雨净化、减少雨水径流污染、减少地表径流和控制径流总量。但是绿色基础设施应对暴雨和集中降雨的能力有限，应与灰色基础设施协同安排[19]。然而，目前的一些研究仍然侧重于绿色基础设施的配置[20–22]。灰色基础设施与绿色基础设施的复杂动态关系使得它们能够互利统一，彼此相互构成了完整的城市雨水受纳体系。因此，因地制宜地统筹配置灰色基础设施与绿色基础设施，以适应未来气候变化，提升城市雨水系统的弹性，对缓解城市内涝、控制面源污染、防止雨水资源流失等具有重要意义。

在海绵城市灰绿雨水设施配置决策过程中，通过建立灰绿雨水设施配置决策指标体系，可以为决策者筛选出最合适的海绵城市灰绿雨水设施配置方案。但是，目前的研究仅考虑了单一形式的指标（如SS负荷、地表径流和成本），以简化其实施和决策过程[23]。灰绿雨水设施的建设可以为海绵城市带来水生态、水环境、水安全和大气环境等多重效益[24]，不同的效益指标由多个效益子指标组成，因此应考虑多个效益，例如从水生态、水环境、水安全、大气环境和成本角度出发，建立海绵城市灰绿雨水设施优化配置决策指标体系。在比较不同的效益指标时，一些研究通常对不同的指标进行标准化然后再进行评价[25，26]。然而标准化的指标不能直接衡量海绵城市灰绿雨水设施配置的效益和价值。因此，对效益进行货币化计算，能更好地实现灰绿雨水设施配置的综合效益[27]。在综合效益最大化目标下，结合研究区域发展特点、地形、内涝及面源污染情况，科学合理地进行灰绿雨水设施的优化配置决策，对指导工程实践具有重要的现实意义和应用前景。

1.2　国内外研究进展

针对气候变化影响下海绵城市灰绿雨水设施适应性优化配置问题，本节从城市降雨径流演变规律、城市雨洪模拟模型、灰绿雨水设施多目标优化及灰绿雨水设施优化配置的不确定性决策四个方面，梳理了目前的国内外研究进展。

1.2.1　城市降雨径流演变规律研究

近年来，由于城市化的快速发展，城市区域不透水地表迅速增加，尖峰径流速率的上升、地表入渗能力的下降、地表径流集流时间的变短，导致大量地表径流的形成 [4]，致使城市整体水文循环发生改变。在降雨事件发生后，径流量过程线先增长至峰值，随后缓慢下降，最终趋近于零 [28]。在气候变化影响下，降雨发生概率、降雨量级显著增加 [29]。CHAN Xiao 等 [30] 使用我国 721 个气象站 1971 ~ 2013 年的小时尺度降雨数据进行降雨特征分析，结果显示，夏季最大每小时降雨强度平均增加了约 11.2%，相应降雨事件的累计降雨量平均增加了约 10%。气候变化引起的降雨量增加对径流深度、径流量、洪峰流量均具有线性放大作用，区域的水文特征变化更显著 [31]。未来的水文气象条件将根据气候情景而变化 [32]。在不同气候变化情景下，如 SSP2-4.5 情景和 SSP5-8.5 情景下，城市集水区的径流量（中位数）分别增加 12.5% ~ 14.6% 和 15.5% ~ 18.1%，峰值流量（中位数）分别增加 14.4% ~ 17.8% 和 17.9% ~ 22.1%，这表明气候变化引起短历时暴雨事件的径流量和峰值流量变异性相对较高 [33]。在未来气候变化 RCP8.5 情景中，持续时间较短的频繁风暴会导致水文性能更剧烈地波动 [34]。张瀚 [35] 采用区域气候模式 RCP4.5 和 RCP8.5 情景，预测了典型城市区域 2030 ~ 2050 年的降雨径流特征，研究发现，RCP8.5 情景与 RCP4.5 情景相比溢流量、溢流节点及超载管段均增加，给排水管网造成了很大的负担。DENG ZIFENG 等 [36] 探讨了气候变化和城市化对沿海城市降雨径流的影响，结果显示，在 SSP2-4.5 情景和 SSP5-8.5 情景下，区域降雨量分别增加了 24%、28%，使得径流量增加了 7.91% ~ 15.53%，内涝风险最严重区域的面积进一步扩大，分别增加了 24%、39%。

气候变化通过改变区域性的水文状况，间接影响径流水质，并且这种情况在城市更显著 [37]。降雨径流中的污染物繁多，常见的包括 COD、SS、TP、TN、Pb、Cu 和 PAHs 等 [38]。雨水径流中污染物的累积过程分为三个阶段，即城市雨水在落地之前携带并累积污染物阶段、雨水冲刷下垫面使污染物持续累积阶段、雨水冲刷管道并积累污染物阶段 [39]。在整个降雨过程中，降雨初期地表和管道径流的冲刷作用较强，降雨初期径流污染物的质量浓度最高，增长速率也最快。但是随着降雨时间的推移，降雨中后期冲刷作用减弱，降雨径流污染物持续被稀释，径流污染物的质量浓度逐渐降低，最终趋于稳定值[40, 41]。城市地表径流污染特征受到地理位置、温度、下垫面、降雨等的影响，即使同一区域，不同径流事件的径流污染浓度也不相同[42]。研究较多的影响径流水质的因素为下垫面，因下垫面材质、累积过程和污染来源不同，径流污染程度不同。SHU MIN WANG 等[43]研究发现城市交通道路的 SS 和 COD 的径流质量浓度显著高于建筑物屋顶。王显海等[44]研究表明，道路的径流污染高于屋面并高于绿地。另外，降雨量和降雨强度对污染物的冲刷、稀释和溶解作用，将对径流污染产生重要影响。降雨强度越大，对污染物的冲刷越强，越容易发生初始冲刷现象；反之，降雨强度越小，越容易发生后期冲刷现象[45, 46]。一些研究得出，随着重现期的增大，SS、TN、TP 和 COD 的径流污染累积量也随之增加[47, 48]，呈现线性关系[49]。但是，不同污染物对降雨径流水质的敏感程度不同。岳桢铻等[50]研究表明，道路径流 SS 的场次降雨径流平均质量浓度和总降雨历时之间呈显著正相关关系，而绿地径流 TN 的场次降雨径流平均质量浓度和平均降雨强度之间呈显著负相关关系，但是在不同的区域，降雨径流污染物与降雨事件的相关性可能有较大差异。LIU YAOZE 等[51]采用长期水文影响评估 - 低影响开发 2.1（即 L-THIA-LID 2.1）模型评估了气候变化和土地利用对径流水文水质产生的影响，研究发现，土地利用变化增加了 8.0% ~ 17.9% 的地表径流量和污染物（例如 SS、TP、TKN 和 NO_x）负荷，而气候变化减少了 5.6% ~ 10.2% 的地表径流量和污染物（例如 SS、TP、TKN 和 NO_x）负荷。

气候变化对径流水量和水质产生了极大影响，由此引发的内涝频发、面源污染恶化等现象给城市交通、基础设施、居民生活等造成极大的危害，研究历史和未来气候条件下城市气候的演变特征以及对降雨径流的驱动机制，可为城市雨洪管理提供理论依据。

1.2.2 城市雨洪模拟模型研究

城市洪涝对世界各国造成了严重危害，许多城市都面临严峻的洪涝灾害风险。对城市洪水建模模拟，已成为研究城市洪涝风险的重要手段。目前，城市雨洪模拟已有一套完善的研究体系：基于对城市水文循环规律、水动力学物理机制的认识构建模型，设定模型的初始及边界条件，考虑灰绿雨水设施等调控方案，并且利用降雨、径流、排口流量及水位等实测数据对模型进行率定验证[52]。共有三大类城市雨洪模型，包括城市雨洪的经验模型、概念性模型及物理模型等。经验模型仅针对输入与输出序列的经验来建模，其物理机理不足；概念性模型基于水量平衡原理构建；物理模型以水动力学为基础，考虑了水文要素的相互作用及时空变异规律，模拟精度最高。国内外研究人员已经开发了多种水动力模型，主要分为洪水快速漫延模型、一维（1D）下水道模型、地表漫流模型（1D 和 2D）、下水道—地表耦合模型（1D-1D 和 1D-2D）。

城市雨洪模拟模型的特征见表 1-1[53]。

洪水快速漫延模型是一种简化的内涝模拟模型，其首先划定暴雨积水区域，在漫滩上建立网格单元，然后将水量分布在各相邻网格单元上，进而计算淹没量。但是该模型模拟精度最低，只能输出最终淹没状态，无法描述水流路径、流速和持续时间等，适用于缺乏数据、快速评估内涝风险。1D 地表漫流模型的漫滩被离散为一组链接的节点，链接表示表面流动路径，节点表示池塘或者汇水点，并且可以从数字高程模型（DEM）中提取地表网格。这种建模方法需要较少的输入数据，如数字高程模型（DEM）和数字地形模型（DTM），运行时间较短，但是其无法模拟多向流动条件。1D 下水道模型能模拟雨水管道中的水流，并简化超过系统输送能力时的情况。溢流被临时储存在人孔顶部的虚拟存储池中，并且假设当节点中的水头情况允许时，水开始从存储池中回流。1D 下水道模型适用于城市雨水规划和管理，也被用于对地表径流路线精度要求不高的研究中。2D 地表漫流模型考虑了水流的两个正交分量来模拟地表水流的运动。2D 地表漫流模型将集水区离散为结构化或非结构化的网格，每个网格单元都由一个坐标（X，Y，Z）表示，其假设每个网格单元内集水区参数和降雨量在空间上分布均匀，可以通过二维浅水方程求解水力学性能。2D 地表漫流模型能够求解出淹没范围、淹没水深和流速，但是它无法提供溢流位置，也无法表示管道内的水流运动状态。

城市雨洪模拟模型的特征[53]　　表 1-1

类别	地表漫流	输出结果				模拟内涝的精确度	运行时间	适宜的空间尺度
		溢流位置	淹没范围	淹没水深	流速			
洪水快速漫延模型	无	无	有，只有最终位置	有，只有最终水深	无	低	分钟	大区域
1D 地表漫流模型	有，只在地表	无	有，只在地表	有，只在地表	有，仅一个维度			
1D 下水道模型	无	有	有，近似虚拟存储	有，近似虚拟存储	无			
2D 地表漫流模型	二维	无	有	有	两个维度			
一维下水道—一维地表耦合模型（1D-1D 模型）	有，只在地表	有	有，只在地表	有，只在地表	有，仅一个维度			
一维下水道—二维地表耦合模型（1D-2D 模型）	有，二维	有	有	有	有，两个维度	高	小时	小区域

1D-1D模型的漫滩将连接到明渠和池塘，水流通过沟渠入口与人孔耦合链接，在地表与地下下水道两个系统之间双向交换。这种模拟方法计算时间适中（从5min到1h），并且能够确定溢流位置、淹没范围、深度和一个维度的流速。但是，当水流离开用户定义的地表流动路径时，它无法提供洪涝信息。这种建模方法适用于雨水管道的规划和管理、预警和应急工作。1D-2D模型将一维下水道流与二维地表流相连接，水流在沟渠、人孔及二维网格单元之间相互流动，使地上水流与地下水流相互作用[54]。这种耦合模式能够准确定位溢流位置、淹没范围、淹没水深和速度。通过这类模型模拟的结果比其他方法更准确，但是模型的精度是以计算工具的性能、高分辨率DEM、更多的运行时间为代价的，例如MIKE FLOOD、InfoWorks ICM、SWMM与LISFLOOD-FP耦合、SWMM与WCA2D耦合、SWMM和TELEMAC-2D耦合、SWMM与NewFlood耦合等[55-57]。这种建模方法更适合复杂系统的设计与分析，在没有足够的现场数据时，1D-2D模型的输出可以用于校准1D-1D模型。大多数学者采用1D-2D模型进行未来情景的内涝模拟分析。王兆礼等[58]基于SWMM和TELEMAC-2D模型构建了一种新的耦合模型TSWM，对不同重现期下的区域内涝风险进行了模拟，结果显示，由于研究区域的排水系统设计标准较低，在极端暴雨情况下容易发生内涝，建议采取提高排水管网系统标准、构建泵闸联合调度方案和布设低影响开发（LID）设施等降低研究区域的暴雨内涝现象。RARISA HOSSEINZADEHTALAEI等[59]通过InfoWorks ICM模型模拟得到历史时期5年一遇的内涝事件与未来时期2年一遇的内涝事件的内涝面积相同。JINJIN HOU等[60]通过SWMM与NewFlood模型耦合模拟，得出在未来20年降雨事件下，研究区域超载检查井数量和总洪水量预计将增加19.3%～44.8%和171%～716%。上述模型各有优点与缺点，根据特定需求，如模型复杂性、输入数据和模拟时间等，可供决策者选择较为合适的模型进行城市洪涝模拟。

1.2.3 灰绿雨水设施多目标优化研究

科学规划配置和选用海绵城市灰色基础设施、绿色基础设施及其组合系统是建设海绵城市的关键。然而，绿色、灰色基础设施种类繁多，这些设施的选用和配置又受到当地自然地理条件、水文地质特点、水资源状况、降雨规律等因素的制约。因此，选择单项设施或其组合系统，确定优化配置方案是海绵城市建设面临的重大挑战。为迎接这方面的挑战，需开展海绵城市灰绿雨水设施多目标优化配置方法的研究。

在海绵城市灰绿雨水设施多目标优化配置过程中，不同的效益与成本目标之间存在相互约束的关系，不能同时满足。一般方法考虑了多个场景，在这些场景中执行迭代，直到满足所有目标。鉴于大量的决策变量和可能的情景组合，依赖于有限数量试验的传统方法不能有效地解决此类问题[61]。多目标优化已被用作确定最佳雨水管理策略的有效方法，可以实现灰绿雨水设施配置方案在效益与成本之间的权衡[62]。设施配置的方案包括种类及其组合方式、布设位置和布设面积等；目标函数包括成本最低、综合效益最大、单独某个效益最大（如峰值流量削减最大）等；约束条件包括适宜建设设施的面积及位置、径流总量控制率、年径流污染物总量削减率等[63–65]。

多目标优化的优化算法有多种，这些算法通常与雨水管理模型相关联，基于多目标优化方法的灰绿雨水设施优化配置流程图见图 1-1。第一种方法是将优化算法耦合到雨水管理模型中，以自动优化灰绿雨水设施的配置[66]。MACRO 等[67]通过将 SWMM 与优化软件工具包（OSTRICH）连接起来，开发了一种开源的 SWMM 多目标优化工具，权衡下水道溢流与成本，优化了雨水桶配置。ECKART 等[68]选择了雨水桶、雨水花园、透水铺装和渗透沟四种雨水管理措施，利用 SWMM 模型和伯格多目标优化算法的耦合模型，在三种降雨条件下进行模拟优化，以寻求成本和效益平衡的最佳组合配置方案。李航[69]构建了以造价和污染物削减为目标的 LID 设施建设优化模型，利用第二代非支配排序遗传算法（NSGA-Ⅱ）对优化模型求解，得到了 LID 设施的最优设计。陶涛等[70]建立了 LID 设施的多目标优化数学模型，利用 NSGA-Ⅱ算法对多目标数学模型进行求解，最终得到同时满足布设面积约束和年径流控制目标的 LID 设施最经济方案。另一种方法是利用雨水管理模型模拟中的灰绿雨水设施方案与模拟结果之间的关系作为多目标决策方法的输入条件，然后选择优化方案。这种方法基于代理模型完成，常用的代理模型有多项式模型、克里克金模型、神经网络、支持向量回归、径向基函数和高斯过程等[71，72]。代理模型在一定程度上可以实现计算效率与计算精度的权衡。LATIFI MORVARID 等[73]使用 SWMM 模型模拟的一组输入（即模型参数和 LID 情景）和输出变量（即径流量、BOD 和 TSS）之间的关系作为替代模型，以确定雨水管理的最佳解决方案。ZHANG WEN 等[74]采用人工神经网络（ANN）建立输入生物滞留池大小与输出的内涝深度和峰值流量之间的关系，取代了 MIKE FLOOD 模型，并对 ANN 模型进行了优化，以获得最佳生物滞留池大小。LU WEI 等[75]通过基于响应面模型的动态坐标搜索方法（DYCORS），建立了输入的降雨量和 LID 设施配置方案与输出的内涝淹没深度之间的替代关系，以指导 LID 设施优化设计。这种基于代理模型的优化方法可以显著减少模拟次数，提高优化评估的效率。

以上介绍的两种方法都使用算法的迭代过程来搜索给定条件下的最优解。因此，决策者在进行目标函数之间的权衡时可以考虑不同的约束条件，以更好地进行优化决策。另外，多目标优化方法所得到的帕累托最优前沿的覆盖率、质量和效率明显优于有限试验次数的传统方法。因此，利用多目标优化方法来考虑不同目标之间的权衡，可以有效获得具有高效益兼低成本的灰绿雨水设施最优配置方案[76]，并且可以进一步分析灰绿雨水设施之间的耦合协调机制。

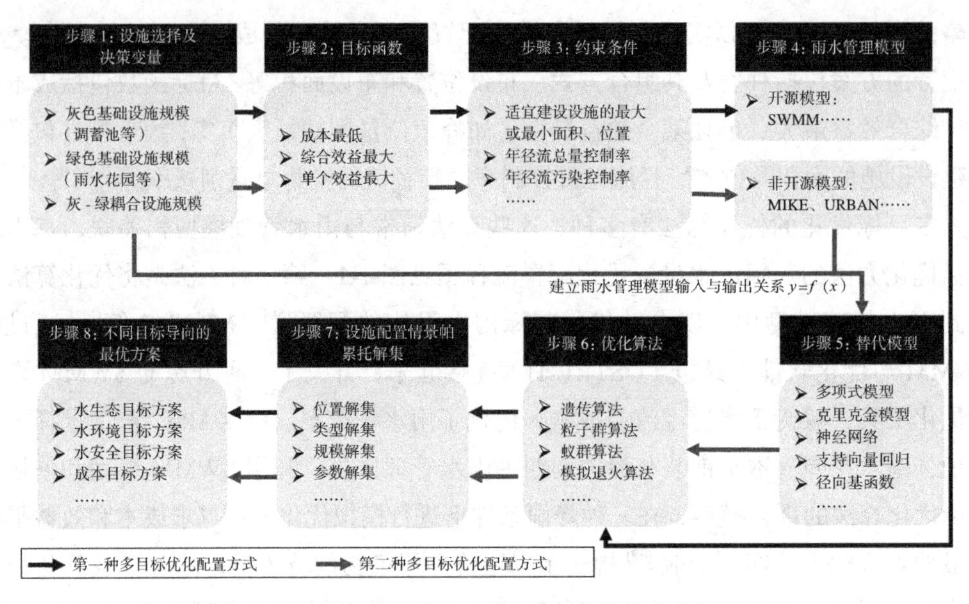

图 1-1　基于多目标优化方法的灰绿雨水设施优化配置流程

合理规划和建设城市雨洪管理设施以满足城市发展的需求，是有效应对城市发展的核心所在。然而目前大多数雨洪管理设施在规划和建设阶段采用静态的思维回应城市发展这一动态问题，目前的研究倾向于考虑当前或历史降雨情景下的海绵城市灰绿雨水设施规划设计，未考虑城市未来气候随时间的动态变化问题。未来的降雨情况将与过去的降雨情况存在显著差异，一些地区未来强降雨事件及干旱频率将明显增加，若仍以当前或历史降雨对海绵城市灰绿雨水设施进行规划，将导致现有城市管控措施难以应对气候变化对城市水文所带来的负面影响[77]。针对我国城市现状及未来气候变化趋势，如何配置灰绿雨水设施以应对未来气候变化，是我国雨水管理中需要解决的问题。

1.2.4　灰绿雨水设施优化配置的不确定性决策研究

决策规划中的不确定性可以定义为人类对未来、过去以及现在发生事件的有限认知。IPCC 第五次报告中定义不确定性为：由于先验信息不足或对已知事件存在分歧而导致的不完整认知。不确定性包括五个等级，见图 1-2。一级到三级是一般不确定性，四级和五级是深度不确定性[78]，其中深度不确定性给决策方案形成、决策方案后果带来的影响最不利。由一般不确定性到深度不确定性，决策难度逐渐增加，政策选择也逐渐复杂。在灰绿雨水设施优化配置过程中，不确定性来源主要包括基于第六次国际耦合模式比较计划（CMIP6）的未来降雨输入条件的不确定性、模型结构和参数的不确定性，这些不确定性为决策过程带来了巨大的挑战。

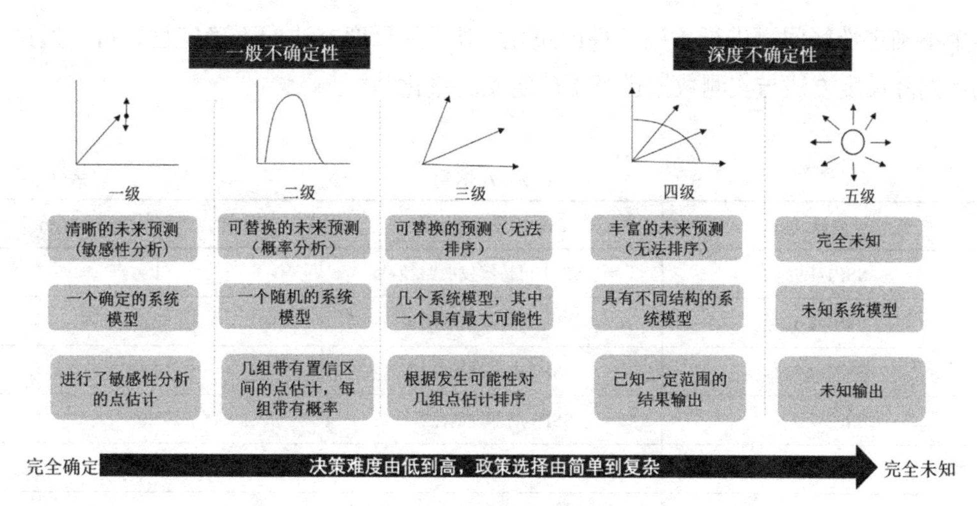

图 1-2 不确定性分级 [78]

1. 基于 CMIP6 的未来降雨输入条件的不确定性

受气候变化影响，未来降雨条件将存在极大的不确定性，在人类活动密集的城市区域表现尤为严重。未来降雨数据主要由 CMIP6 气候变化情景得到 [79]，其不确定性来自气候情景选择、气候模式不完善和降尺度方法等 [80, 81]。①气候情景选择的不确定性：CMIP6 中共有 8 种未来气候变化情景，包括 SSP1-1.9、SSP1-2.6、SSP4-3.4、SSP5-3.4OS、SSP2-4.5、SSP4-6.0、SSP3-7.0 和 SSP5-8.5。这些情景代表的强迫类别和人为辐射强迫不同，见表 1-2[82]。其中，SSP1-1.9 和 SSP1-2.6 属可持续发展路径，到 2100 年人为辐射强迫分别为 $1.9W/m^2$、$2.6W/m^2$；SSP5-8.5 的强迫最高，属常规发展路径，认为到 2100 年人为辐射强迫达到 $8.5W/m^2$。这 8 种情景的强迫类别、社会经济情景并不相同，决策者采用哪种情景存在很大的不确定性。刘迪 [83] 研究了京津冀地区未来降雨的不确定性，结果表明，未来 RCP8.5 情景下城市降雨的不确定性大于 RCP4.5 情景下城市降雨的不确定性。②气候模式不完善的不确定性：气候模式（General Circulation Models，GCMs）的结构、物质与能量的交换、代表性浓度路径均为影响 GCMs 模拟结果的不确定性因素。GCMs 结构因情景参考运行与扰动运行具有差异性，模型参数化难度大，使得模型预测结果存在差异 [84]；一些模式简化了海洋—大气—大陆之间的物质与能量交换的物理过程，使模拟精度变得较低；此外，土地利用的变化及气溶胶也会影响不同尺度上的归因，也对模拟结果造成一定的误差 [85, 86]。③降尺度方法的不确定性：因 GCMs 的空间尺度有 110km 左右，时间尺度为月或者年，相对粗糙，所以需要对 GCMs 进行降尺度分析。降尺度方法有两种，分别为统计降尺度和动力降尺度。由于无法解决 GCMs 本身的不确定性，两种降尺度方法会进一步放大 GCMs 本身的不确定性，得到的气候变化结果仍有不确定性 [87]。针对气候情景选择和气候模式不完善带来的不确定性，可以采取多个 CMIP6 模式的集合方法，得到一个不确定性区间，进行不确定性的量化；对于降尺度方法的不确定性，可以通过对比不同降尺度方法与实测数据进行不确定性的量化[88]。

CMIP6 情景　　表 1-2

情景	SSP 社会经济情景	2100 年人为辐射强迫（W/m^2）
SSP1-1.9	SSP1 可持续发展路径	1.9
SSP1-2.6	SSP1 可持续发展路径	2.6
SSP2-4.5	SSP2 中度发展路径	4.5
SSP3-7.0	SSP3 局部发展路径	7.0
SSP4-3.4	SSP4 不均衡发展路径	3.4
SSP5-3.4OS	SSP5 常规发展路径	3.4
SSP4-6.0	SSP4 不均衡发展路径	6.0
SSP5-8.5	SSP5 常规发展路径	8.5

2. 模型结构及其参数的不确定性

随着对城市雨洪模型模拟精度要求的提高，模型固有的不确定性和参数的不确定性都会导致结果的理论值与真实值的差异[89]。受复杂的城市水文水质过程、水文地质参数空间异质性的影响，城市雨洪模型模拟结果存在很大的不确定性。HØJBERG 等[90]认为模型结构的不确定性影响了模型的模拟性能，这种影响无法通过优化参数不确定性进行补偿。BUTTS 等[91]采用多模型模拟评价分布式水文模型结构的不确定性，结果表明，不同模拟结果之间的差异较大，而且模型结构直接影响模拟结果的好坏。此外，模型的参数不一定是模型的最优参数。THORNDAHL 等[92]探讨了 MOUSE 模型的参数优化及不确定性问题。SYTSMA 等[93]量化了 SWMM 模型输入的宽度和不透水面积参数带来的不确定性，结果显示，这两种参数的最佳校准值随模型强迫变化出现的模型预测误差将高达 60% 以上。模型的结构及其参数的不确定性可能不如基于 CMIP6 的未来降雨输入条件的不确定性大。对于模型结构及其参数的不确定性，可以采用蒙特卡罗方法、贝叶斯概率模型、方差分析、广义似然不确定性估计等进行不确定性的量化[94–97]。

不确定性条件下，决策者寻求一种足够稳健的方式，以应对不确定性可能造成的损失风险。常用的不确定性决策方法包括稳健决策理论（RDM）[98]、适应路径方法（AP）[99]及其衍生出的动态适应规划方法（DAP）[100]和动态自适应政策路径方法（DAPP）[101]。其中，RDM 可以对不同维度产生不确定性，并能生成大量的可能情景，是一种反溯迭代的定量优化决策方法，但是这种方法为静态分析方法，情景多时计算时间也较长。AP、DAP 和 DAPP 可以随时间的推移不断改变初始计划，但是与 RDM

相比缺乏情景的充分考量。DELETIC 等[102]提出了全局不确定性评估框架，并将其应用在水量水质耦合模型中，初步解释了模型中不确定性因素的来源及联系，从而对模型进行改善，以应对不确定性。HASSANI MOHAMMAD REZA 等[103]对 LID 设施配置过程中的不确定性进行分析，结果表明具有较高 LID 设施配置比例的方案对深度不确定性更稳健，但是 LID 设施的性能在不同的气候情景下会发生变化，方案的鲁棒性会下降。BABOVIC 和 MIJIC[104]为了解决城市排水系统应对未来气候及人类活动高度不确定性的问题，采用适应性临界点方法研究了未来降雨对内涝积水深度的影响，提出了城市排水系统的适应性策略。白桦[105]为了解决排水系统设计中的输入不确定性和参数不确定性，构建了含有不确定性参数的城市排水系统优化设计模型，分别得到了雨水系统与污水系统的最优方案。HU HENGZHI 等[106]分析了导致城市管网排水能力下降的不确定性因素，采用不确定性决策方法得到增加绿化面积、改善排水管网和布设深层隧道的组合方案，可以应对排水管网能力的不确定性问题。

基于不确定性的规划预测过程，只能对未来进行粗略的评估，不具有稳健性，会导致设施建设的高成本，甚至产生锁定效应[8]。对灰绿雨水设施配置过程中的不确定性进行深入分析，探讨不同因素对设施效果的影响，进而考虑不确定性配置灰绿雨水设施，提高设施在社会经济、环境变化下的可靠性[107]，使得设施在未来仍能发挥显著的效果，也为决策者做出客观决策提供充分的信息。但是，在灰绿雨水设施优化配置过程中，不确定性因素对灰绿雨水设施配置方式会造成何种影响，并且如何在不确定性条件下寻找在未来情景下具有适应性的灰绿雨水设施决策方案是目前研究的重要内容。

1.3 本书主要内容

本书以西安市典型区域为研究对象，综合运用现场监测、模型模拟、环境经济学方法、优化算法以及适应性决策等研究手段，探究历史和未来城市降雨的变化及其对降雨径流的影响机制；构建灰绿雨水设施优化配置决策指标体系并对各类效益进行货币化；建立历史及未来情景下灰绿雨水设施优化配置决策模型，提出满足多种目标导向下灰绿雨水设施优化配置的方法；探讨灰绿雨水设施优化配置的不确定性，为海绵城市建设顺利推进与健康发展提供技术支撑。本书主要内容如下：

1. 历史及未来降雨演变特征

以西安市典型区域为研究对象，收集基础资料，包括研究区域管网数据、高精度 DEM 数据、用地类型数据等，分析历史降雨演变特征。收集 CMIP6 的 SSP1-2.6 情景、SSP2-4.5 情景、SSP5-8.5 情景下的 10 个模式数据，对其进行降尺度及偏差校正分析，研究未来 CMIP6 气候变化情景下的降雨演变特征。

2. 灰绿雨水设施配置决策指标体系与模型构建

从水生态、水安全、大气环境、成本等方面筛选灰绿雨水设施评价指标，构建海绵城市灰绿雨水设施优化配置评价指标体系，建立灰绿雨水设施效益的货币化计算方法。构建研究区域城市雨洪及面源污染模型，以现场监测数据进行模型的率定与验证。

3. 基于传统开发模式的城市雨洪及面源污染调控效果

采用芝加哥雨型设计历史降雨情景，同时在历史降雨量及时程分布的基础上，根据未来降雨量的变化率，推求未来情景下研究区域的设计降雨量及时程分布。基于传统开发模式，模拟历史及未来降雨情景下的径流水量水质、内涝空间分布、积水时间与积水深度，分析不同重现期下城市雨洪及面源污染特征。

4. 基于多目标联动的灰绿雨水设施优化配置研究

分析灰绿雨水设施的功能以及适建区域，构建灰绿雨水设施优化配置决策模型，对历史及未来情景下多目标联动（综合效益目标、成本目标和水安全效益目标等）的灰绿雨水设施配置方案进行动态优选。对比研究历史和未来情景下，灰色基础设施及绿色基础设施耦合协调机制及弹性提升作用。

5. 基于未来情景的灰绿雨水设施适应性优化配置研究

考虑气候变化及灰绿雨水设施配置的不确定性，分析总效益、安全效益以及成本对不确定因素的敏感性，揭示灰绿雨水设施最优配置对不确定性因素的响应规律，建立适应不确定性的优化配置决策模型，提出应对未来气候变化的适应性决策，以提升城市雨水系统的弹性。

第 2 章 研究区域概况及降雨演变特征分析

本章首先介绍研究区域的地理位置、地形、水文气象、土地利用、土壤理化性质及内涝等基本情况，分析研究区域的基本特征。其次，通过收集和分析历史和未来全球气候模式数据，获得历史及未来气候变化情景下的研究区域降雨量。最后，分析历史及未来降雨的特征及演变趋势。

2.1 研究区域概况

2.1.1 地理位置与地形特征

研究区域为小寨区域，位于西安市雁塔区，地理坐标为东经 108° 54′ ~ 108° 58′，北纬 34° 12′ ~ 34° 14′。小寨区域西起太白南路，东至西延路和雁塔南路，北起南二环，南至丈八东路，总面积 20.15km^2。根据场地排水和竖向高程，将研究区域划分为 A、B、C 三个片区（图 2-1）。其中，A 片区北起南二环，南至雁南一路，西起朱雀

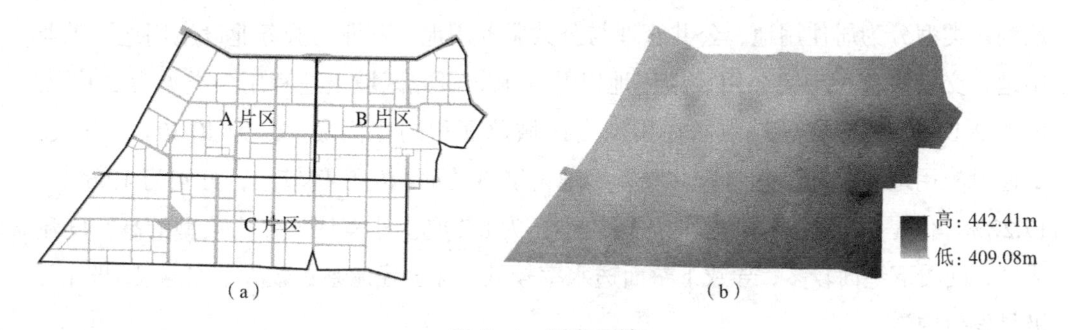

图 2-1 研究区域

（a）分区图；（b）地形高程图（DEM 图）

路，东至西延路，面积 6.71km^2；B 片区东至朱雀路，南至电子二路，西至太白南路，北至南二环，面积 4.67km^2；C 片区西起太白南路，东至雁塔南路，北起电子二路与雁南一路，南至丈八东路，面积 8.77km^2。小寨区域是西安市次核心商业区，也是典型的老城区，其突出的特点是人口密度大、交通流量大、硬质路面以及建筑多。

小寨区域黄土梁与洼区相间分布，由研究区域地形高程图可知，高程在 409.08 ~ 442.41m 之间，地形东部高、西部低，由东南向西北逐渐倾斜。小寨区域坡度为 0.07% ~ 5.89%，整体呈坡状起伏。小寨区域土体由黄土、黏性土和人工填土组成。地表上部覆盖 10m 黄土，梁区的黄土有多层古土壤，洼区黄土有一层古土壤；黏性土主要在黄土层下；人工土的厚度为 2 ~ 8mm，主要分布在老城区及其周围[108]。小寨区域内主要为 I 级非自重湿陷性黄土，区域东南部有部分自重湿陷性黄土。受到潜水位埋深、微地貌和人类活动影响，局部黄土地湿陷性变化复杂。

2.1.2 气象与水文特征

小寨区域属于暖温带大陆性季风气候，四季冷暖分明，春季温暖、干燥，夏季炎热、多雨，秋季凉爽、温度变化快，冬季寒冷、少雨雪。年日照 1646 ~ 2114h，以东北风为主导风向。年平均气温为 13.0 ~ 13.7℃，1 月最冷，7 月最热，年极端气温差可达 20℃。小寨区域年均降水量为 571mm，有降雨历时短、雨量强的特点，7 月和 9 月降雨次数最多，降雨量级最大。多年平均蒸发量为 1278mm，冬季的气温低，蒸发量少，夏季的气温高，蒸发量较大。区域内无河流，但是周围有大环河和皂河。皂河是小寨区域主要的受纳水体。大环河是皂河的上游分支，全长 14.36km。小寨区域共有两个排水分区，分别是大环河排水分区和皂河排水分区，电子二路以南为皂河排水分区，电子二路以北为大环河排水分区，但是因大环河为皂河支流，其最终也流至皂河。小寨区域的排水体制主要为雨污分流制。

2.1.3 土地利用特征

按照《城市用地分类与规划建设用地标准》GB 50137—2011[109]，将研究区域土地利用类型分为居住用地、公共管理与公共服务用地、商业与服务业设施用地、工业用地、交通设施用地、公用设施用地以及绿地。研究区域土地利用分类见表 2-1[108]。由表 2-1 可知，研究区域内居住用地占区域总面积的比例最大，为 40.50%。其次，交通设施用地、公共管理与公共服务用地占区域总面积的比例较大，分别为 19.65%、17.22%。但是，绿地占总面积的比例较小，为 8.29%。小寨区域作为典型的高密度建成区，硬质下垫面较多，导致下垫面透水率较低、综合径流系数较大，如遇极端降雨，极易发生内涝。

研究区域土地利用分类　　表 2-1

土地利用类型	面积（km^2）	占总面积的比例（%）
居住用地	8.16	40.50
公共管理与公共服务用地	3.47	17.22
商业与服务业设施用地	2.23	11.06
工业用地	0.61	3.03
交通设施用地	3.96	19.65
公用设施用地	0.05	0.25
绿地	1.67	8.29
合计	20.15	100.00

2.1.4　土壤理化性质监测与分析

土壤理化性质对研究区域的径流水量和径流水质等均产生影响，对土壤理化性质进行分析，可以进一步了解研究区域自然海绵体的海绵效果[110]。在研究区域内均匀布设了 18 个采样点，分析质地、质量含水率、密度、凋萎系数、饱和度和有机质质量浓度等土壤理化性质，采样位置见图 2-2 中的采样点① ~ ⑱。

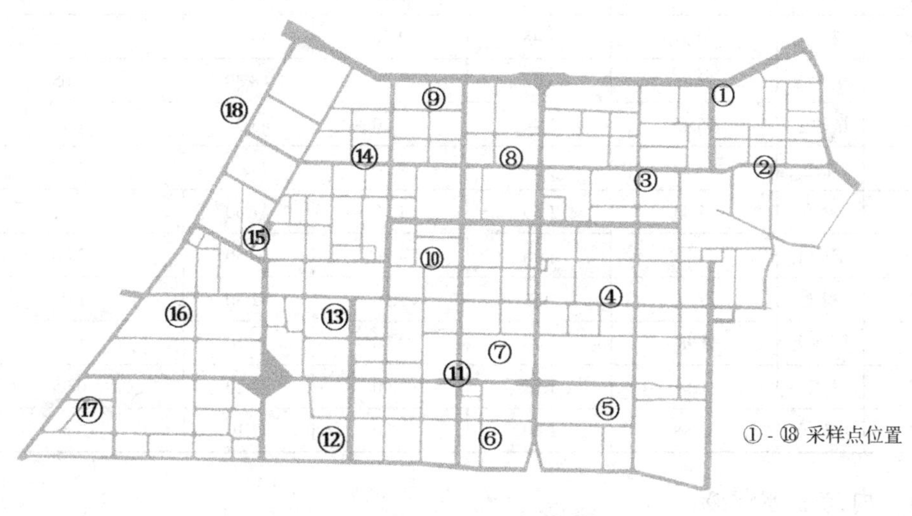

图 2–2　土壤采样点

将自然风干后的土壤样品研磨，使其过 2mm 筛，采用马尔文 MS2000 激光粒度分析仪湿法测量土壤样品的颗粒级配，根据美国农业部（USDA）制定的粒径分级标准，即黏粒（粒径为< 0.002mm）、粉粒（粒径为 0.002 ~ 0.05mm）、砂粒（粒径为 0.05 ~ 2mm），划定土壤样品的质地类别。研究区域内土质为壤砂土和粉土两种类型，其砂粒含量较多，黏粒含量较少。采用烘干称重法，由烘干前后铝盒及土壤样品质量、烘干后空铝盒质量计算得到土壤质量含水率为 8.98% ~ 20.95%，平均值为

15.07%。采用环刀法采集土壤样品，由烘干后的土壤样品质量和环刀体积计算得到土壤密度为 1.36 ~ 1.56g/cm^3，平均值为 1.49g/cm^3。采用重铬酸钾容量法测定有机质质量浓度，将土壤样品过 0.15mm 筛后于坩埚加热，依次加入重铬酸钾—硫酸溶液，标准还原剂硫酸亚铁滴定重铬酸钾，计算氧化前后重铬酸钾的质量差即为有机质质量浓度，为 0.73 ~ 3.06mg/g，均值为 1.455mg/g。凋萎系数和饱和度由 SPAW（Soil Plant Air Water）软件估算。土壤理化性质检测结果见表 2-2。

土壤理化性质检测结果　　表 2-2

采样点位	质地	质量含水率（%）	密度（g/cm^3）	凋萎系数（%）	饱和度（%）	有机质质量浓度（mg/g）
①	壤砂土	19.67	1.46	2.80	45.00	1.88
②	粉土	18.39	1.54	1.70	41.70	0.79
③	壤砂土	19.62	1.48	2.30	44.20	1.54
④	壤砂土	13.51	1.52	1.80	42.70	1.01
⑤	壤砂土	13.93	1.53	1.80	42.40	1.03
⑥	粉土	20.95	1.55	1.70	41.50	0.81
⑦	壤砂土	12.36	1.53	1.70	42.20	0.85
⑧	粉土	18.91	1.56	1.70	41.00	0.73
⑨	粉土	10.91	1.48	2.60	44.30	1.68
⑩	壤砂土	14.85	1.37	3.90	48.30	3.05
⑪	壤砂土	15.45	1.49	2.20	43.90	1.43
⑫	粉土	13.24	1.51	2.20	43.00	1.28
⑬	粉土	12.43	1.55	1.90	41.60	0.91
⑭	壤砂土	17.25	1.36	4.10	48.50	3.06
⑮	粉土	17.30	1.53	2.10	42.30	1.07
⑯	壤砂土	8.98	1.48	2.50	44.10	1.57
⑰	粉土	10.57	1.53	1.90	42.20	0.95
⑱	壤砂土	12.88	1.40	3.30	47.10	2.55

2.1.5　内涝积水情况

根据《西安市小寨区域海绵城市详细规划》[108] 以及现场实测，统计了小寨区域 13 处易涝点的位置及其最大积水面积、最大积水深度，见图 2-3。研究区域建筑密度高、硬质路面较多，雨水渗透性较低，这使得降雨期间大部分雨水不能及时下渗，从而转化为地表径流，加之研究区域大部分为老城区，排水设施落后，雨水系统设计标准低，使得排水负担增加，甚至会发生内涝风险 [111]。在气候变化的影响下，将加剧研究区域的内涝风险。又因为小寨十字一带是低洼区域，常发生暴雨内涝灾害。2016 年 7 月 24 日晚，研究区域发生极端暴雨事件，致使小寨十字及周边发生严重内涝，小寨十字的积水深度达 95 ~ 105cm，造成了较大的经济损失和社会影响。虽然研究区域每年都在治理易积水点，历史积水点的治理成效显著，但是随着城市地下空间以及地铁的开发建设，易涝点仍在增加。

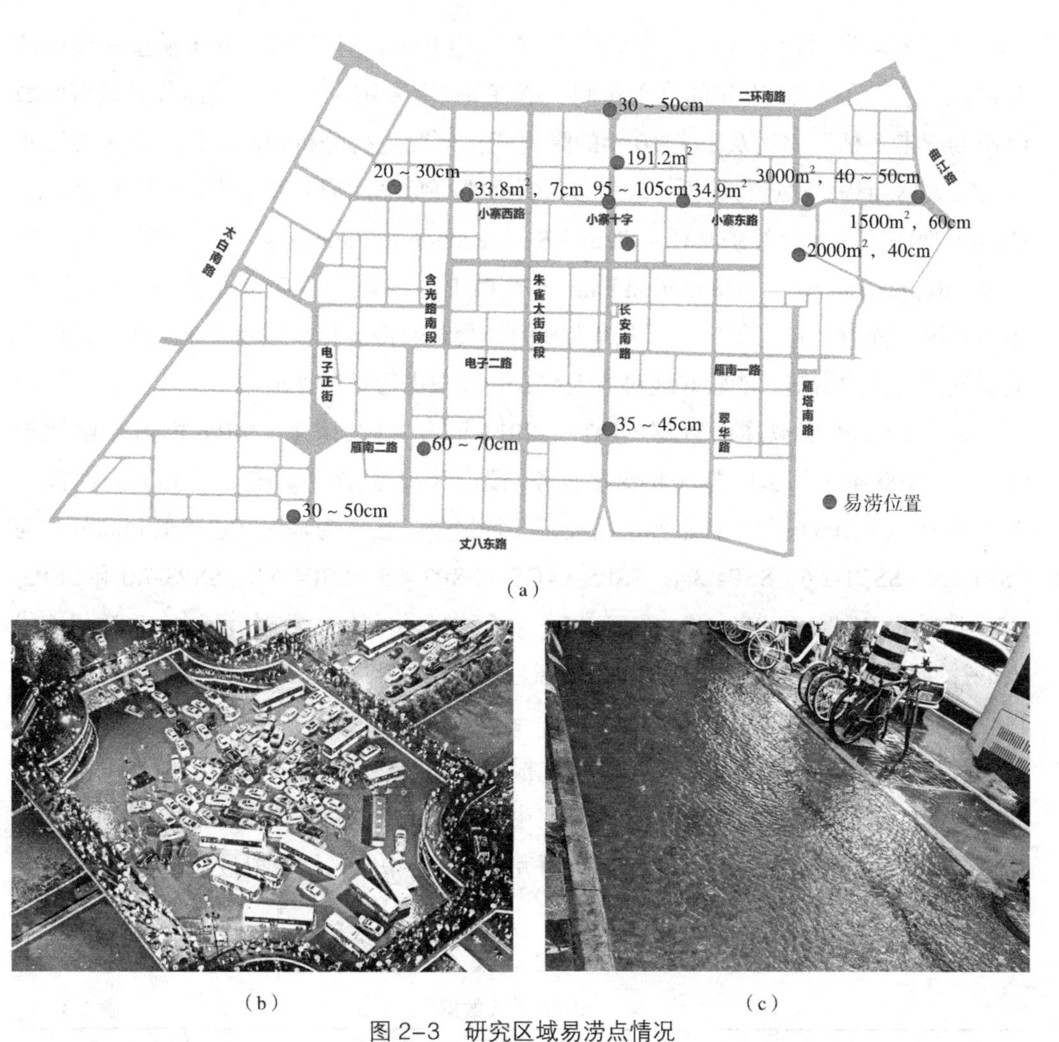

（a）

（b）　　　　（c）

图 2–3　研究区域易涝点情况

（a）易涝点分布图；（b）小寨十字现场积水；（c）小寨西路现场积水

注：图 2-3（a）中单位为“cm”的数据表示积水深度，单位为“m²”的数据表示内涝面积。

2.2　历史及未来降雨数据处理

2.2.1　基于观测和卫星遥感的历史降雨数据

全国历史降雨观测数据（1979 ~ 2014 年）从国家青藏高原数据中心获得 [112，113]，数据来源为气象局观测数据、再分析资料和卫星遥感数据，其精度介于气象局观测数据和卫星遥感数据之间。数据为 NETCDF 格式，时间分辨率为 3h，水平空间分辨率为 0.1°。将原数据时间分辨率由 3h 转换为日尺度数据，然后通过一维线性插值法得到小寨区域历史日尺度降雨数据。在本书中该数据统一命名为历史观测数据。

2.2.2 历史及未来 CMIP6 模拟降雨数据

对于未来降雨量的变化，马冰然等[114]采用 Pearson-Ⅲ型概率分布模型和线性趋势估计法进行了未来 50 年的降雨预测。赵卉等[115]采用 Morlet 小波函数对城市区域降雨的“丰—枯”周期及未来 10 年的降雨变化情况进行分析预测。但是上述方法基于历史数据趋势变化进行分析，未考虑降雨机理的变化，所以难以刻画未来降雨情景。CMIP6 使用共享社会经济路径（Shared Socioeconomic Pathways，SSPs）和典型浓度路径（Representative Concentration Pathways，RCPs）的矩阵框架，包括人口、经济发展、生态系统、资源、制度和社会因素等未来的社会和经济变化，以及未来减缓、适应和应对气候变化的措施，能较好地对历史和未来降雨进行预测评估[116]。

历史 CMIP6 模拟降雨数据（1979 ~ 2014 年），以及未来 CMIP6 模拟降雨数据（2023 ~ 2100 年）均从欧盟气候变化服务网站获得，数据为 NETCDF 格式，时间分辨率为天。CMIP6 的共享社会经济路径有 8 种情景，按人为辐射强迫由低到高分别为 SSP1-1.9、SSP1-2.6、SSP4-3.4、SSP5-3.4OS、SSP2-4.5、SSP4-6.0、SSP3-7.0 和 SSP5-8.5。选择 SSP1-2.6、SSP2-4.5、SSP5-8.5 三种气候变化情景的数据。其中，SSP1-2.6 代表低社会脆弱性、低减缓压力和低辐射强迫的综合影响；SSP2-4.5 代表中等社会脆弱性与中等辐射强迫的组合；SSP5-8.5 是唯一到 2100 年人为辐射强迫，达到 8.5 W/m^2 的共享社会经济路径，是一种最坏的情景。根据数据的完整性（即数据时间尺度符合本研究目的，每一个数据均需要包含本研究中使用的 CMIP6 的所有模式）、可用性（数据可公开下载获得）、适用性（根据以往研究，选择对中国区域模拟最好的模式）原则，筛选出 10 个模式（表 2-3）[117]。

CMIP6 模式数据　　表 2-3

模式	机构简称	国家	经纬向网格点数据
ACCESS-CM2	CSIRO-ARCCSS	澳大利亚	192 × 144
BCC-CSM2-MR	BCC	中国	320 × 160
CNRM-CM6-1	CNRM-CERFACS	法国	128 × 256
CNRM-ESM2-1	CNRM-CERFACS	法国	128 × 256
INM-CM4-8	INM	俄罗斯	180 × 120
INM-CM5-0	INM	俄罗斯	180 × 120
IPSL-CM6A-LR	IPSL	法国	144 × 143
MIROC6	MIROC	日本	256 × 128
MPI-ESM1-2-LR	MPI-M	德国	192 × 96
MRI-ESM2-0	MRI	日本	320 × 160

鉴于全球气候模型 GCM 的平均水平网格间距约为 110km，分辨率较粗，当应用于区域预测时应进行降尺度分析，以更精确地模拟区域尺度的降雨[118]。降尺度方法分为统计降尺度和动力降尺度。统计降尺度是基于历史时期模拟和观测气候之间的统计关系，具备计算复杂度低、计算效率高的特点，能够更有效地对代表不同未来气候情景的大型 GCM 集合进行降尺度[118, 119]。小寨区域历史及未来的降雨日尺度数据通过统计降尺度方法中的一维线性插值计算得到。具体方法为，选择小寨区域的中心点（34° 12′ 36″ N，108° 56′ 24″ E）作为插值点。采用 Numpy 的一维插值函数 *interp* 进行一维线性空间插值，将历史及未来模拟降雨日尺度数据均降尺度到小寨区域内中心点坐标[119]。但是，这种方式得到的数据精度仍较低，还需要进行数据的偏差校正[80]。通过多模式集合平均方法校正 CMIP6 模拟数据，见式（2-1）与式（2-2）。

$$delta_i = (gcm_{ij} - obs_i)/n \qquad (2\text{-}1)$$

式中　$delta_i$——第 i 个日期的多个 CMIP6 模式集合平均偏差，mm；

gcm_{ij}——第 i 个日期的第 j 个 CMIP6 模式的降雨量值，mm；

obs_i——第 i 个日期的降雨量观测值，mm；

n——选取的 10 个 CMIP6 模式。

$$gcmc_i = gcm_{ij} - delta_i \qquad (2\text{-}2)$$

式中　$gcmc_i$——校正后的 CMIP6 降雨量值，包括历史预测 CMIP6 降雨量及未来预测 CMIP6 降雨量，mm。

2.2.3　CMIP6 情景模拟精度分析

采用十个 CMIP6 气候变化模式预测未来降雨变化，通过将研究区域 1979 ~ 2014 年日尺度的历史观测降雨数据与历史 CMIP6 模拟降雨数据进行分析比较，证明十个 CMIP6 气候变化模式的模拟精度。通过相关系数、均方根误差、标准差评估 CMIP6 模拟研究区域日降雨量的效果。相关系数 R 表示 CMIP6 模式模拟的降雨数据和观测数据的相关性。均方根误差 *RMSD* 反映 CMIP6 模式模拟降雨数据偏离观测降雨数据的大小。标准差用来衡量 CMIP6 模拟数据自身的离散程度。十个 CMIP6 模式模拟和观测的日尺度降雨数据的泰勒图如图 2-4（a）所示。

图 2-4（a）中相关系数越高、标准差比值越接近 1、中心均方根误差越接近 0，则数据模拟效果越好。如图 2-4（b）所示，所有模式的决定系数 R^2 均大于 0.50，模拟效果较好。模拟效果最好的模式为 MRI-ESM2-0，相关系数 R 为 0.87，决定系数 R^2 为 0.76，距离观测值位置最近，这与相关研究的结果一致[120]。模拟效果次好的是 MPI-ESM1-2-LR，ZHONGFENG XU 等[81]也证实了该模式的预测效果。MIROC6 的

模拟效果最差。CMIP6 模式受机理、初始条件的设置和分辨率等因素影响，不同模式对同一地区的模拟精度会有所不同，差异较大，尤其是在长期的降雨事件中更明显。也有研究表明，CMIP6 高估或低估了未来的降雨量[121]。

为了进一步分析历史观测多年平均降雨量和历史 CMIP6 模拟多年平均降雨量之间的差异，以证明 CMIP6 对多年日平均降雨量的模拟效果，将两组数据的均值、标准差、下四分位数、中位数、上四分位数、最大值分别绘制在同一张图中，分别见图 2-5 ~ 图 2-10。

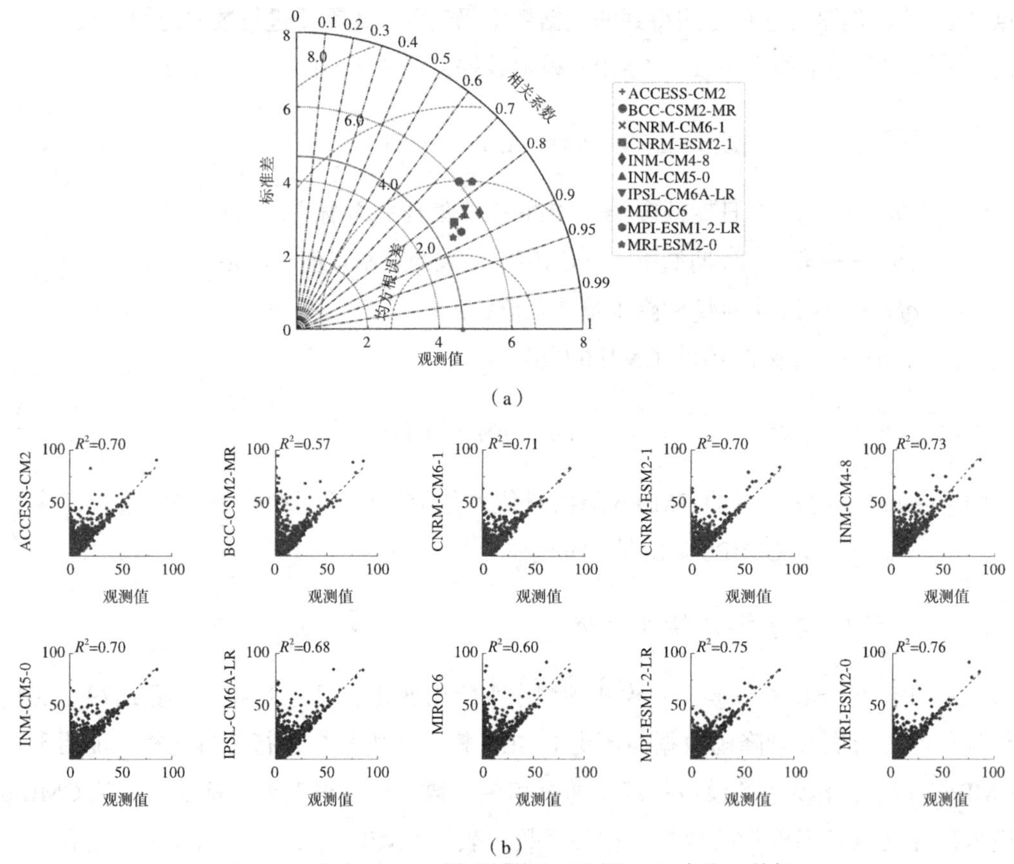

图 2-4　十个 CMIP6 模式模拟和观测的日尺度降雨数据

（a）泰勒图；（b）决定系数图

从多年平均降雨量各特征值随时间的变化趋势方面进行分析。CMIP6 模拟与历史观测的多年日平均降雨量随时间的变化趋势较为吻合，降雨均集中在 7 ~ 9 月。历史多年日平均降雨量、历史多年日降雨量标准差、历史多年日降雨量最大值、历史多年日降雨量上四分位数、历史多年日降雨量中位数和历史多年日降雨量下四分位数的 CMIP6 多个模式模拟均值，与其历史观测的均值均呈现正相关关系，其决定系数按照上述顺序依次减小。除历史多年日降雨量下四分位数 R^2 为 0.38 以外，其余观测与 CMIP6 模拟的历史多年降雨特征值的决定系数 R^2 均大于 0.70。以历史多年日平均降雨量及历史多年日降雨量标准差的决定系数 R^2 最大，分别为 0.99、0.96，证明 CMIP6 模拟的研究区域历史多年日平均降雨量及多年日降雨量标准差的结果较准确。

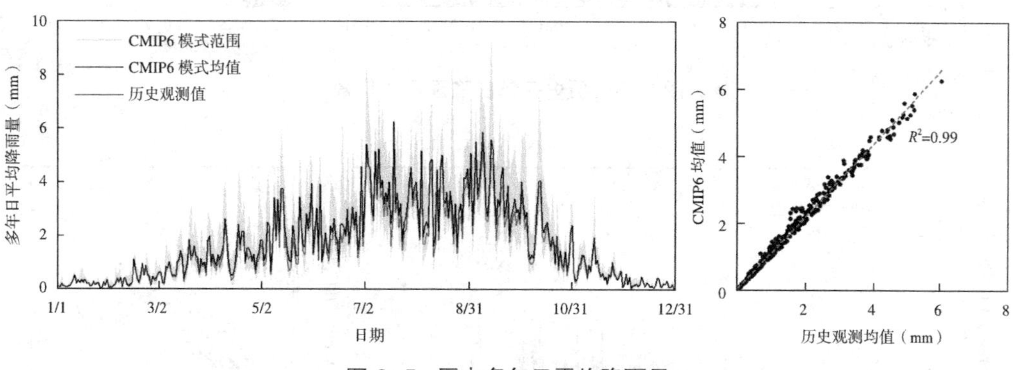

图 2-5　历史多年日平均降雨量

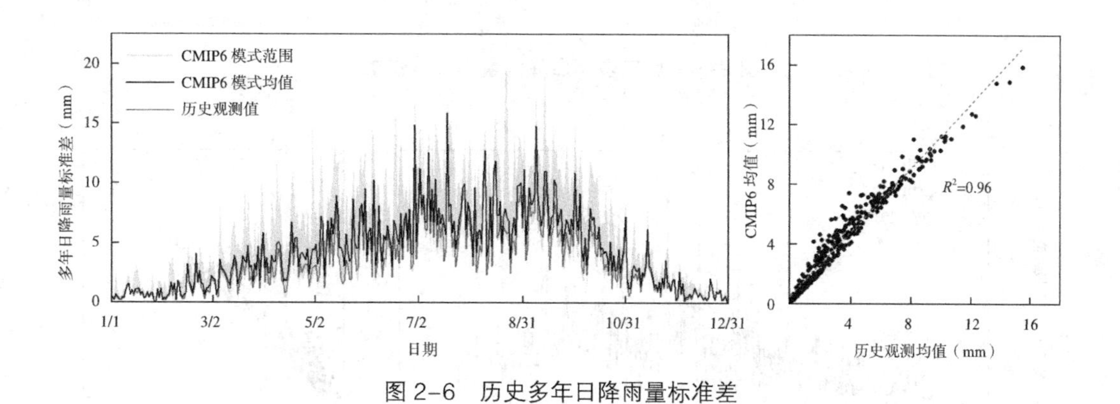

图 2-6　历史多年日降雨量标准差

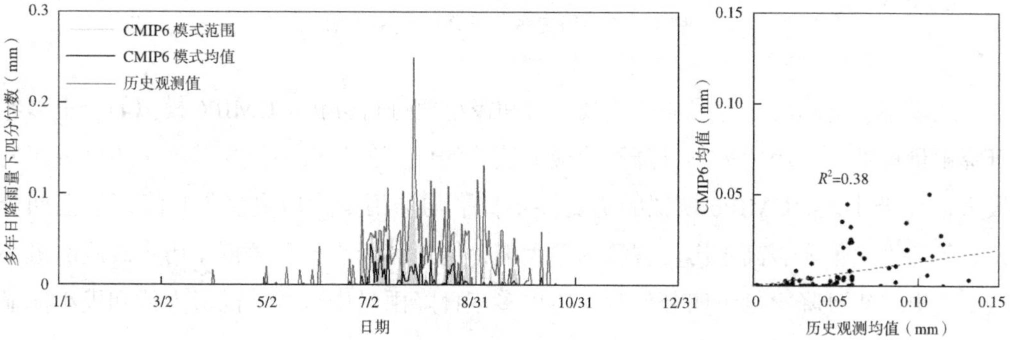

图 2-7　历史多年日降雨量下四分位数

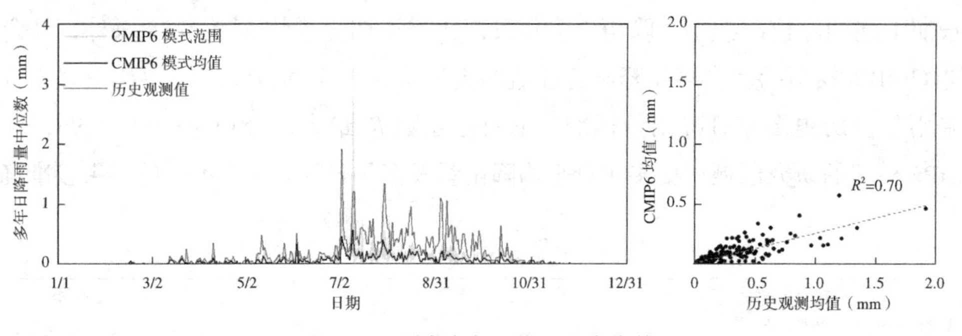

图 2-8　历史多年日降雨量中位数

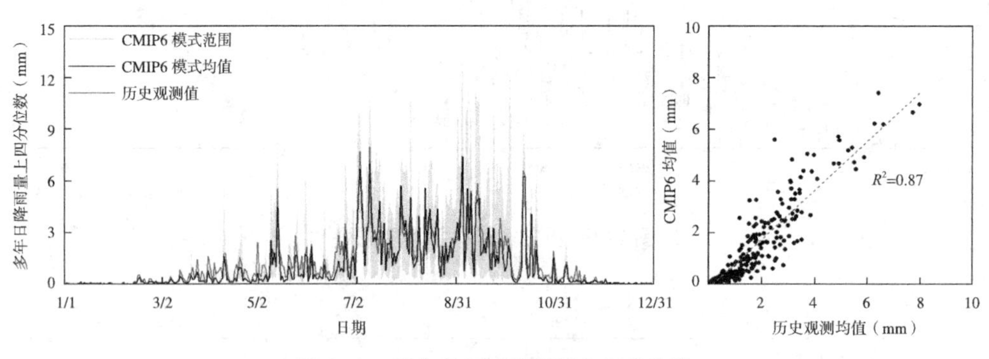

图 2-9　历史多年日降雨量上四分位数

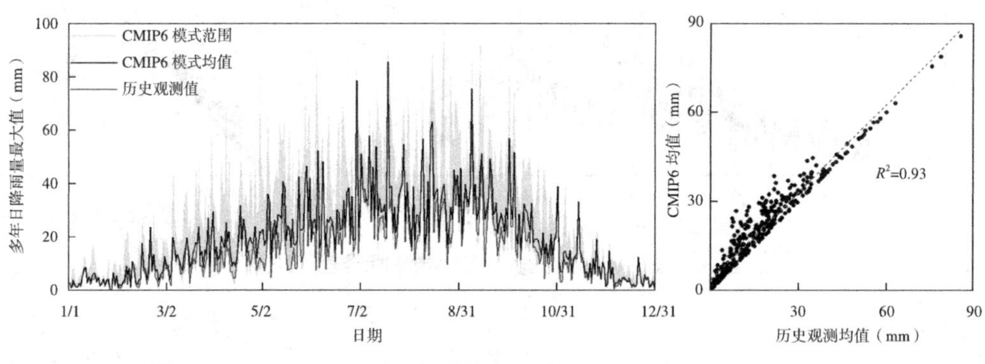

图 2-10　历史多年日降雨量最大值

从多年平均降雨量各特征值的极大值和极小值进行分析。CMIP6 模拟的历史多年日降雨量标准差、历史多年日降雨量最大值等的极大值和极小值显著高于历史观测的极大值和极小值。CMIP6 模拟的历史多年日平均降雨量、历史多年日降雨量上四分位数等的极大值显著高于历史观测的极大值，但是其极小值显著低于历史观测的极小值。历史多年日降雨量下四分位数、历史多年日降雨量中位数等的极大值和极小值显著低于历史观测的极大值和极小值。

综上所述，CMIP6 模拟的研究区域历史日降雨和历史多年日降雨的特征值（除下四分位数以外）与历史观测值较一致，其模拟效果较好，精度较高，可以被用来模拟未来研究区域的降雨量。此外，多个气候模式模拟均值的精度高于单一模式模拟的精度，这是因为多模式集合均值或中值能减少单个模式带来的不确定性，提高了模拟的精确性[122]。

2.3　历史及未来降雨演变特征

2.3.1　年内演变特征

降雨集中度用来衡量年内逐月或逐日降水的时间变化程度，可以反映一定时期降雨集中的属性。本书采用历史及未来的月尺度降雨数据分析降雨集中度，并通过式（2-3）计算得到。若降雨集中度≤ 10，表示降雨在年内分布较为均匀；若 10 ＜降雨集中度≤ 20，表示降雨在年内变化具有明显的季节性；若降雨集中度＞ 20，表示降雨在年内分布具有异常的集中性[123]。历史及未来降雨的集中度如图 2-11 所示。

$$PCI=100\sum_{i=1}^{12}P_i^2/\left(\sum_{i=1}^{12}P_i\right)^2 \qquad (2\text{-}3)$$

式中　PCI——降雨集中度；

P_i——第 i 个月的降雨量，mm。

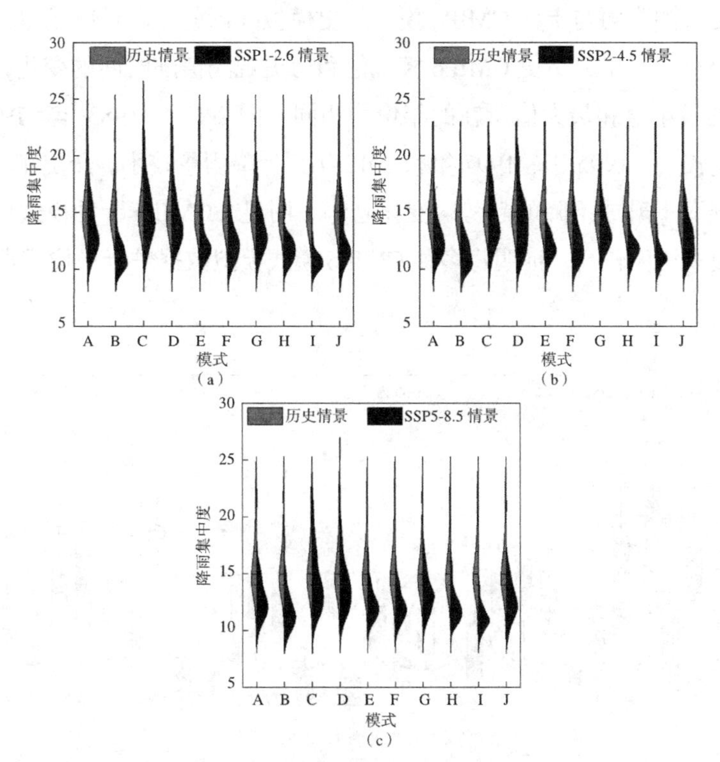

图 2-11　历史及未来降雨的集中度

（a）SSP1-2.6 情景；（b）SSP2-4.5 情景；（c）SSP5-8.5 情景

注：图中 A ~ J 分别代表：ACCESS-CM2、BCC-CSM2-MR、CNRM-CM6-1、CNRM-ESM2-1、INM-CM4-8、INM-CM5-0、IPSL-CM6A-LR、MIROC6、MPI-ESM1-2-LR、MRI-ESM2-0。

从图 2-11 可以看出，历史和未来三种气候变化情景的降雨集中度主要分布在 10 ~ 20 之间，说明历史和未来情况下研究区域的降雨在年内变化具有明显的季节性。大部分情况下历史降雨的集中度大于未来降雨的集中度，所以未来降雨分布较均匀。但是未来降雨集中度最大值与最小值的分布范围比历史的分布范围更大，说明在极端情况下未来降雨集中程度显著增加，证明了未来极端事件将显著增加[124]。这种情况下降雨极其不均匀，降雨过程在较短的时间内发生，从而导致城市洪涝灾害问题更加突出，这也意味着降雨集中度在年际之间的差异更大。SSP2-4.5 情景下，各模式降雨集中度的极大值和极小值分布较一致，说明这种中等社会脆弱性与中等辐射强迫情景对降雨集中度极大值与极小值的影响较小。此外，不同模式之间，BCC-CSM2-MR 模式的降雨集中度最小，说明该模式模拟出的降雨最均匀；ACCESS-CM2、CNRM-CM6-1 和 CNRM-ESM2-1 模式的集中度较高，并且有部分值超过了 25，说明这些模式模拟出的降雨在年内分布异常的集中，发生极端降雨的概率较高。

2.3.2 年际演变特征

1. 历史及未来降雨分布特征

统计历史观测降雨与十种 CMIP6 模式历史模拟降雨的年累计降雨量。由历史年累计降雨量趋势可以看出，历史 CMIP6 模拟值和历史观测值随时间的变化趋势一致，年累计降雨量的最小值和最大值所在的年份均相同（图 2-12）。1983 年、1996 年和 2003 年累计降雨量较大，1995 年、1997 年和 2012 年累计降雨量较小。历史年累计降雨量并未呈现逐年显著上升或下降的趋势，变化趋势不明显。CMIP6 十种模式模拟的均值或中位数比历史观测值较高，证明将多种 CMIP6 模式模拟数据进行平均或求中位数，会

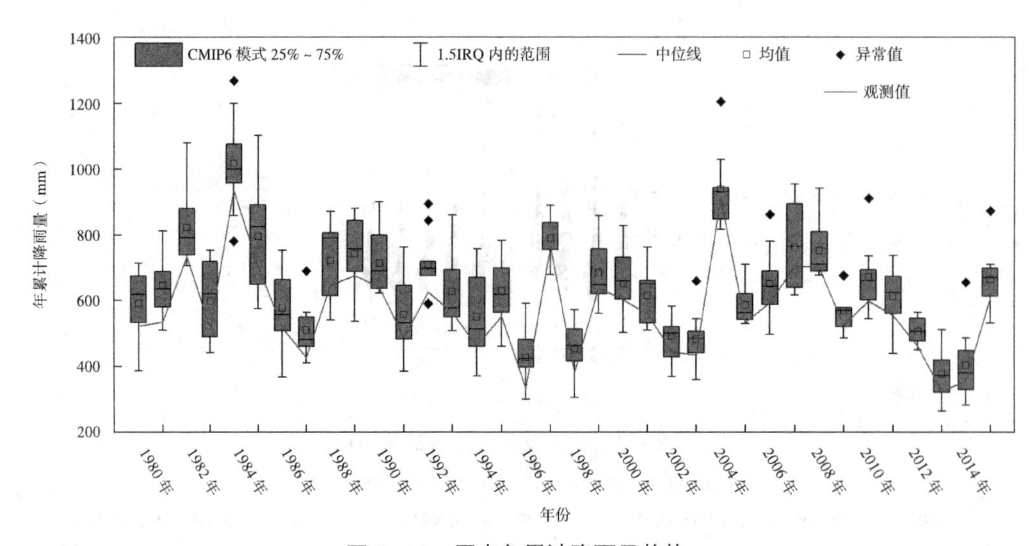

图 2-12　历史年累计降雨量趋势

高估年累计降雨量。但是，大部分年份的历史观测年累计降雨量在 CMIP6 模式模拟的 25% ~ 75% 范围内。不同模式模拟的年累计降雨量差异较大，其中 INM-CM4-8 模式模拟的年累计降雨量最大，比历史降雨量增加 −41.33 ~ 330.67mm；MRI-ESM2-0 模式模拟的年累计降雨量最小。

计算历史观测和十种 CMIP6 模式模拟降雨量的年际统计特征值，包括均值、标准差、最小值、上四分位数、中位数、下四分位数和最大值，见图 2-13。图中基线表示历史观测降雨年际特征值，将其作为基准，对比分析十种 CMIP6 模式模拟历史降雨年际特征值。十种不同 CMIP6 模式对历史降雨年际特征值的模拟差异较大。其中 INM-CM4-8 模式对所有特征值的模拟差异最大，其次为 MIROC6 模式。此外，与历史观测相比，十种 CMIP6 模式对降雨年际标准差的模拟差异最小，比历史增加 −8 ~ 50mm；对降雨年际最小值的模拟差异较小，比历史增加 −43 ~ 109mm；但是，对降雨年际最大值的模拟差异较大，比历史增加 −79 ~ 331mm。这说明十种 CMIP6 模式对降雨年际标准差和最小值的模拟效果较好，对最大值的模拟效果较差。

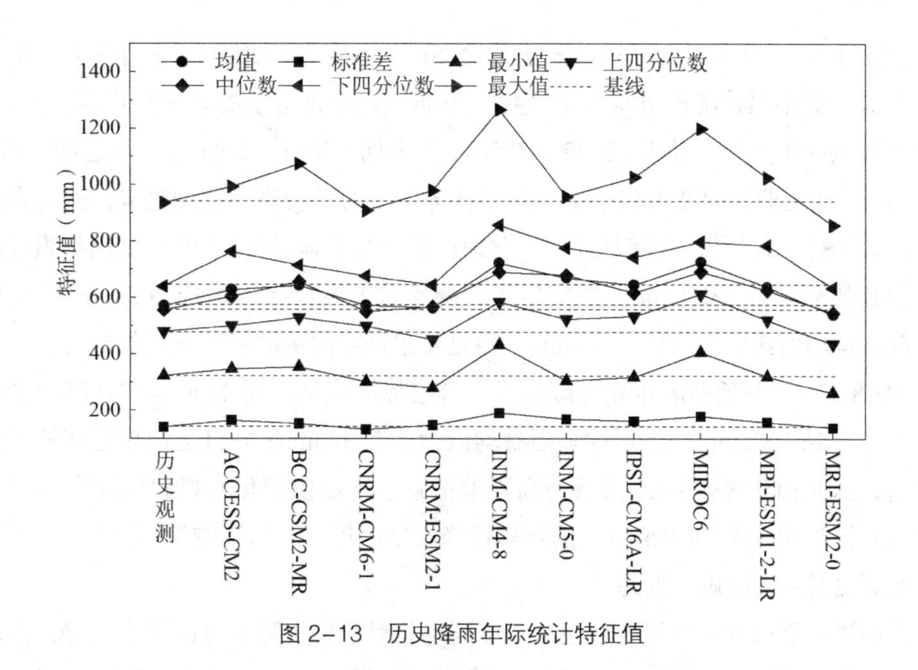

图 2-13　历史降雨年际统计特征值

采用十种 CMIP6 模式模拟的未来降雨量，计算未来年累计降雨量（图 2-14），分析未来降雨的年际变化特征。国家青藏高原数据中心获得的历史观测数据集为 1850 ~ 2014 年，而 CMIP6 历史模拟数据集为 1979 ~ 2019 年。为了证明 CMIP6 预测降雨量的能力，有必要比较同一时期的降雨量，因此选择了 1979 ~ 2014 年的历史数据。考虑到需要预测未来的降雨量，选择了 2023 年开始的未来降雨量数据。因此，图 2-14 未统计 2015 ~ 2022 年的降雨量。

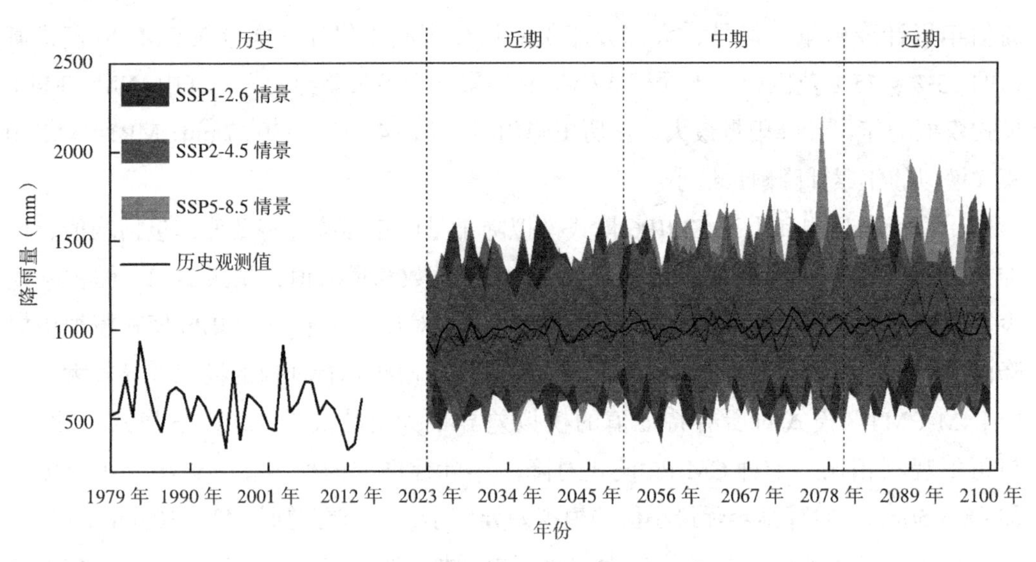

图 2-14　未来年累计降雨量分布范围

注：图中 2015 ~ 2022 年历史观测降雨数据缺失。

由图 2-14 可以看出，SSP1-2.6 情景、SSP2-4.5 情景和 SSP5-8.5 情景下，年累计降雨量比历史年累计降雨量均显著增加。不同气候变化情景的多模式均值差异较小。将未来时期具体划分为近期（2023 ~ 2050 年）、中期（2051 ~ 2080 年）和远期（2081 ~ 2100 年）。从近期、中期再到远期，年累计降雨量的平均值呈增加趋势，这与大部分研究结果保持一致 [125]，尤其是我国西北地区的降雨量显著增加 [121]。近期年累计降雨量均值比历史增加 13.60mm，中期年累计降雨量均值比历史增加 20.20mm，远期年累计降雨量均值比历史增加 37.66mm。但是年累计降雨量的平均值增加幅度较小。其中 SSP5-8.5 情景下远期的年累计降雨量上升趋势最明显，到 2100 年累计降雨量将达到 647.89 ~ 1692.55mm，年累计降雨量均值为 1175.07mm；并且远期比近期的上升趋势显著，这是由于 SSP5-8.5 情景为高强迫情景，严重依赖化石燃料发展所导致 [126]。SSP1-2.6 情景和 SSP2-4.5 情景下的年累计降雨量逐年增加趋势较为一致。

2. 历史及未来降雨演变趋势

采用滑动平均方法计算并分析未来降雨量相对于历史降雨量的演变趋势，滑动周期为 44 年。如图 2-15 所示，三种情景的十种模式模拟出的降雨量均呈现增加的趋势，近期（2023 ~ 2050 年）和中期（2051 ~ 2080 年）内降雨量呈增加趋势，直至远期（2081 ~ 2100 年），降雨量增加趋势变平缓，呈基本平行于 X 轴的直线，降雨不再显著增加。SSP1-2.6、SSP2-4.5 和 SSP5-8.5 三种情景下，其模拟的降雨量趋势没有呈现出显著差异，证明对特定的小区域，不同 CMIP6 情景模拟出的降雨量相差不多，但是仍有可能对城市尺度或者全国尺度的降雨量显示出显著差异。

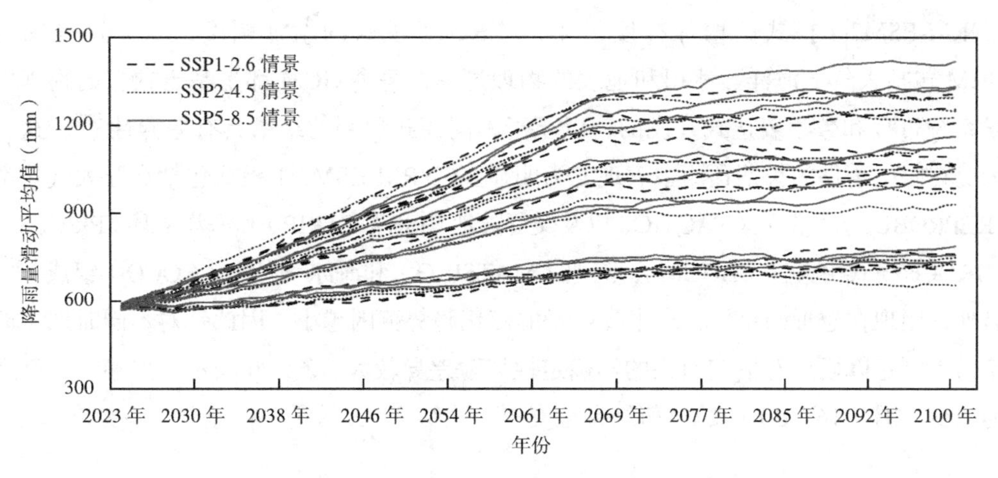

图 2–15　历史与未来年累计降雨量滑动平均值

通过 Mann-Kendall 方法对历史及未来降雨演变趋势进行检验，见图 2-16（a）~（c）。SSP1-2.6 情景、SSP2-4.5 情景和 SSP5-8.5 情景下，降雨量均呈现持续单调递增趋势（所有值均通过 0.05 显著性检验），但是不同模式之间增加幅度差异较大。

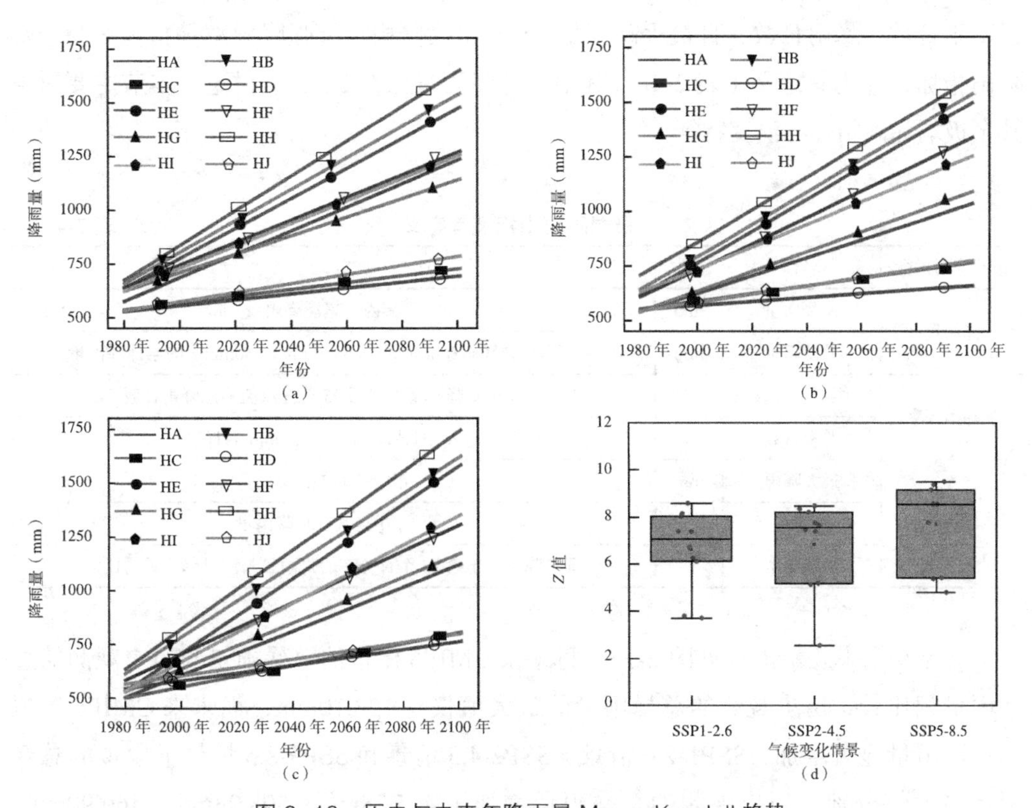

图 2–16　历史与未来年降雨量 Mann–Kendall 趋势

（a）SSP1-2.6 情景；（b）SSP2-4.5 情景；（c）SSP5-8.5 情景；（d）降雨量 Z 值

注：HA ~ HJ 分别代表历史到未来 ACCESS-CM2、BCC-CSM2-MR、CNRM-CM6-1、CNRM-ESM2-1、INM-CM4-8、INM-CM5-0、IPSL-CM6A-LR、MIROC6、MPI-ESM1-2-LR、MRI-ESM2-0 模式的降雨量变化趋势。

CNRM-ESM2-1 模式的增加幅度最小，MIROC6 模式的增加幅度最大。这是因为 GCM 包括大气、海洋、冰川和地表的物理过程，每个 GCM 都是基于独立的物理气候系统过程和数学表达式开发的，以至于不同模式预测的结果具有差异性[80]，这一情况在降雨事件的长期预测中表现尤为明显。CNRM-ESM2-1 模式包括交互大气化学（REPROBUS）、气溶胶（TACTIC）以及交互陆地（ISBA-CTRIP）和海洋循环（PISCES）。MIROC6 模式由大气（AGCM）、陆地（MATSIRO）和海冰—海洋（COCO）组成[127]。另外，距现在越近的年份，未来降雨量的变化趋势范围越小，因此针对不同时期（即年份）制定降雨应对措施面临的不确定性风险差异较大。$Z>0$ 表示增加趋势，反之为减少，图 2-16（d）中的 Z 值结果也支撑上述结论。

2.3.3 极端降雨演变特征

极端降雨事件是指超过极端降雨阈值的降雨事件，在气候变化条件下，极端降雨事件出现的概率可能更大，对城市排水系统破坏更强，加剧城市降雨径流污染及内涝。分析极端降雨事件的特征，合理预测极端降雨事件的未来发展趋势，可为制定气候变化情景下的适应性策略提供理论依据。参考相关研究[35, 128]，选择总降雨量、总暴雨量、强降雨日数、暴雨日数、日最大降雨量、5 日最大降雨量、强降雨率等指标作为极端降雨指标，并为其定义（表 2-4）。其中，总降雨量已在 2.3.2 节讨论，本节主要讨论其余极端降雨指标的演变特征。

极端降雨指标及其定义 表 2-4

极端降雨指标	名称	单位	定义
降雨量	总降雨量	mm	一年内的累计降雨量
	总暴雨量	mm	一年内达到暴雨标准（即 24 h 降雨量超 50mm）的累计降雨量
强降雨频率	强降雨日数	d	一年中日降雨量大于第 95 百分位值的总降雨日数
	暴雨日数	d	一年中日降雨量大于 50mm 的日数
降雨强度	日最大降雨量	mm	一年中最大 1 日降雨量
	5 日最大降雨量	mm	一年中最大 5 日降雨量
	强降雨率	%	湿日降雨大于第 95 个百分率的降雨量与湿日降雨量的比值

历史及未来总暴雨量见图 2-17。将未来 CMIP6 模拟的总暴雨量与历史观测的总暴雨量相比较，历史观测的总暴雨量的最大值仅有 123.10mm，而未来 CMIP6 模拟的总暴雨量显著增加，SSP1-2.6 情景、SSP2-4.5 情景和 SSP5-8.5 情景下模拟的总暴雨量最大值分别比历史观测的总暴雨量增加了 405.38mm、508.23mm、460.90mm。三种 CMIP6 情景下的十种模式相比较，CNRM-CM6-1 模式、MPI-ESM1-2-LR 模式、MIROC6 模式模拟的总暴雨量最大值比历史观测的总暴雨量最大值小，其余模

式模拟的总暴雨量最大值比历史观测的总暴雨量最大值大。不同 CMIP6 模式模拟的总暴雨量结果之间差异较大，并且在不同年份之间差异也较大。所有年份中，BCC-CSM2-MR 模式模拟的总暴雨量最大，SSP1-2.6 情景、SSP2-4.5 情景和 SSP5-8.5 情景下的最大值分别为 528.48mm、631.33mm、584.00mm；MPI-ESM1-2-LR 模式模拟的总暴雨量最小，SSP1-2.6 情景、SSP2-4.5 情景和 SSP5-8.5 情景下的最大值分别为 375.96mm、337.58mm、510.68mm。并且在未来三种情景下，BCC-CSM2-MR 模式模拟的总暴雨量在所有情景下均最大，MPI-ESM1-2-LR 模式模拟的总暴雨量在所有情景下均最小。

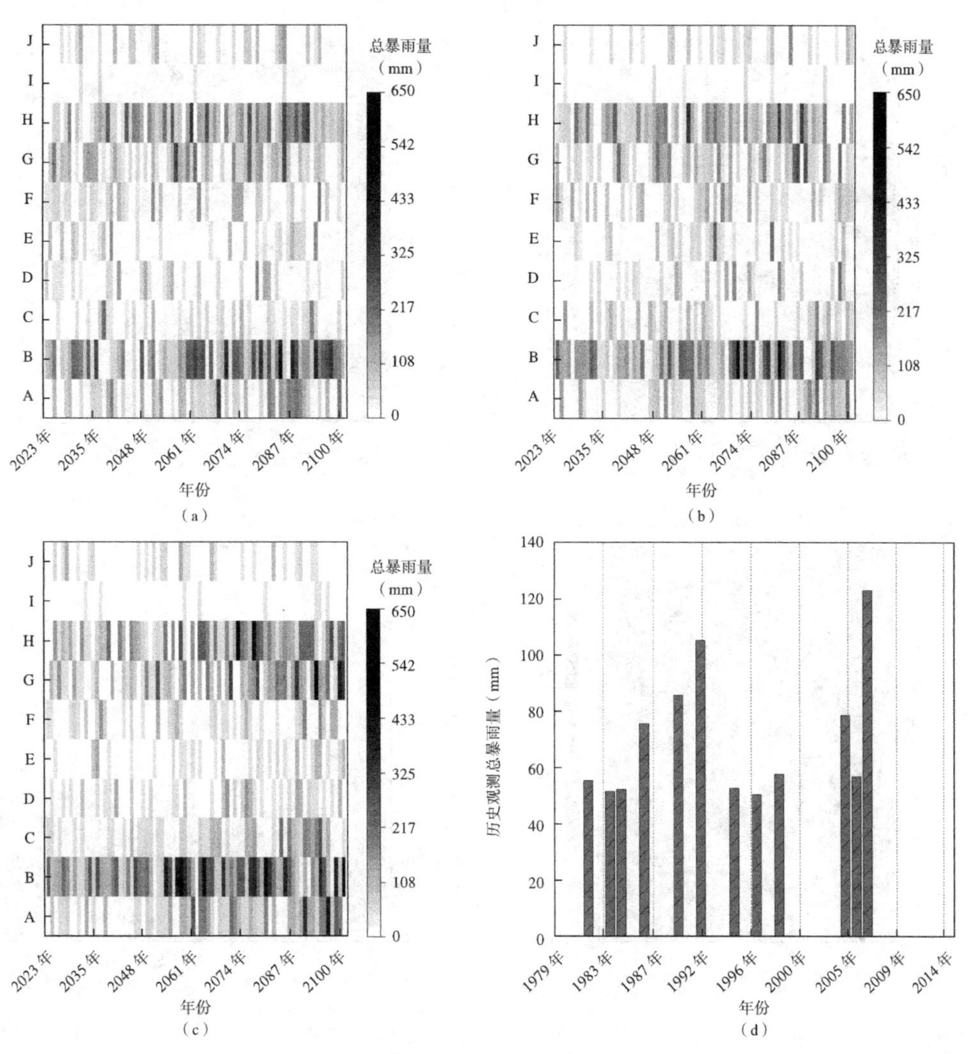

图 2–17　历史及未来总暴雨量

（a）SSP1-2.6 情景；（b）SSP2-4.5 情景；（c）SSP5-8.5 情景；（d）历史情景

注：图中 A ~ J 分别代表：ACCESS-CM2、BCC-CSM2-MR、CNRM-CM6-1、CNRM-ESM2-1、INM-CM4-8、INM-CM5-0、IPSL-CM6A-LR、MIROC6、MPI-ESM1-2-LR、MRI-ESM2-0。

历史及未来强降雨日数见图 2-18。将未来 CMIP6 模拟的强降雨日数与历史观测的强降雨日数相比较，历史观测的强降雨日数的最大值仅有 36d，而 CMIP6 模拟的强降雨日数增加不明显，SSP1-2.6 情景、SSP2-4.5 情景和 SSP5-8.5 情景下模拟的强降雨日数最大值分别比历史观测的强降雨日数增加了 2d、3d、2d。不同 CMIP6 情景与不同 CMIP6 模式模拟的强降雨日数结果之间差异较小，并且在不同年份之间差异也较小。

历史及未来暴雨日数见图 2-19。将 CMIP6 模拟的暴雨日数与历史观测的暴雨日数相比较，历史观测的暴雨日数的最大值仅有 2d，而 CMIP6 模拟的暴雨日数显著增加，SSP1-2.6 情景、SSP2-4.5 情景和 SSP5-8.5 情景下模拟的暴雨日数最大值分别

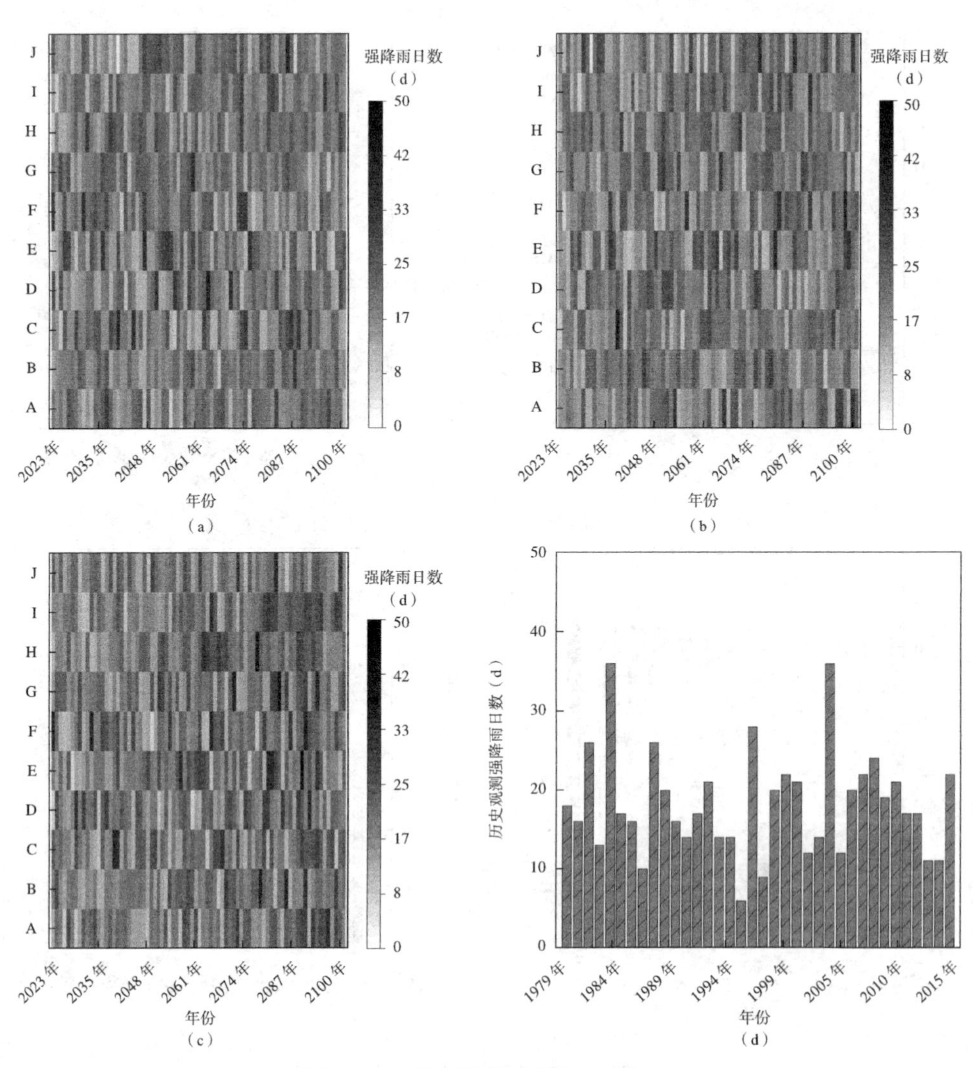

图 2-18　历史及未来强降雨日数

（a）SSP1-2.6 情景；（b）SSP2-4.5 情景；（c）SSP5-8.5 情景；（d）历史情景

注：图中 A～J 分别代表：ACCESS-CM2、BCC-CSM2-MR、CNRM-CM6-1、CNRM-ESM2-1、INM-CM4-8、INM-CM5-0、IPSL-CM6A-LR、MIROC6、MPI-ESM1-2-LR、MRI-ESM2-0。

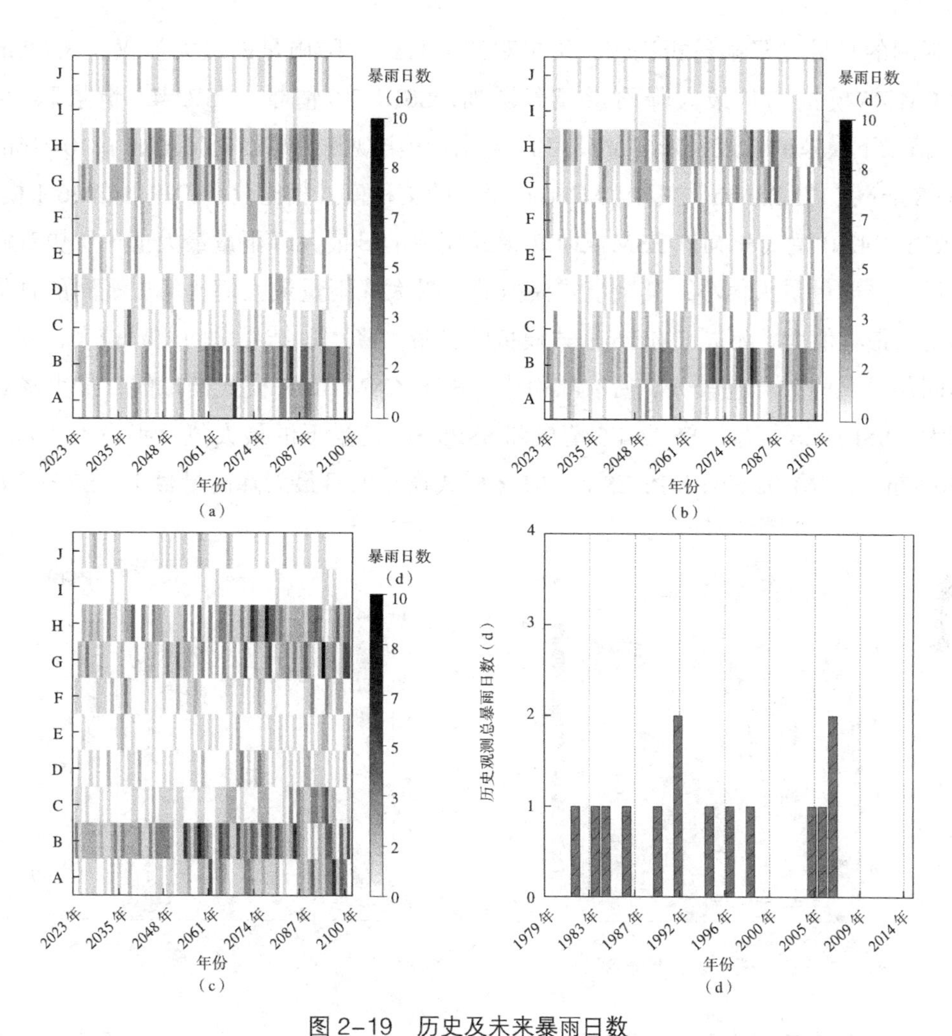

图 2-19　历史及未来暴雨日数

（a）SSP1-2.6 情景；（b）SSP2-4.5 情景；（c）SSP5-8.5 情景；（d）历史情景

注：图中 A ~ J 分别代表：ACCESS-CM2、BCC-CSM2-MR、CNRM-CM6-1、CNRM-ESM2-1、INM-CM4-8、INM-CM5-0、IPSL-CM6A-LR、MIROC6、MPI-ESM1-2-LR、MRI-ESM2-0。

比历史观测的暴雨日数增加了 4d、5d、6d。三种 CMIP6 情景下的十种模式相比较，仅 MIROC6 模式模拟的暴雨日数最大值比历史观测的暴雨日数最大值小，其余模式模拟的暴雨日数最大值均比历史观测的暴雨日数最大值大。不同 CMIP6 模式模拟的暴雨日数结果之间差异较大，并且在不同年份之间差异也较大。所有年份中，BCC-CSM2-MR 模式模拟的暴雨日数最大，SSP1-2.6 情景、SSP2-4.5 情景和 SSP5-8.5 情景下的最大值分别为 6d、7d、7d；MPI-ESM1-2-LR 模式模拟的暴雨日数最小，SSP1-2.6 情景、SSP2-4.5 情景和 SSP5-8.5 情景下的最大值均为 1d。并且在未来三种情景下，BCC-CSM2-MR 模式模拟的暴雨日数在所有情景下均最大，IPSL-CM6A-LR 模式模拟的暴雨日数在所有情景下均最小。

历史及未来日最大降雨量见图 2-20。将未来 CMIP6 模拟的日最大降雨量与历史观测的日最大降雨量相比较，历史观测的日最大降雨量的最大值仅有 85.79mm，而 CMIP6 模拟的日最大降雨量显著增加，SSP1-2.6 情景、SSP2-4.5 情景和 SSP5-8.5 情景下模拟的日最大降雨量最大值分别比历史观测的总暴雨量增加了 104.16mm、164.88mm、175.23mm。三种 CMIP6 情景下的十种模式相比较，CNRM-CM6-1 模式、MRI-ESM2-0 模式和 MPI-ESM1-2-LR 模式模拟的日最大降雨量最大值比历史观测的日最大降雨量最大值小，其余模式模拟的日最大降雨量最大值比历史观测的日最大降雨量最大值大。不同 CMIP6 模式模拟的日最大降雨量结果之间差异较大，并且在不同年份之间差异也较大。所有年份中，BCC-CSM2-MR 模式模拟的日最大降雨量最大，SSP1-2.6 情景、SSP2-4.5 情景和 SSP5-8.5 情景下的最大值分别为 189.95mm、250.67mm、261.02mm；MPI-ESM1-2-LR 模式模拟的日最大降雨量最小，SSP1-2.6 情

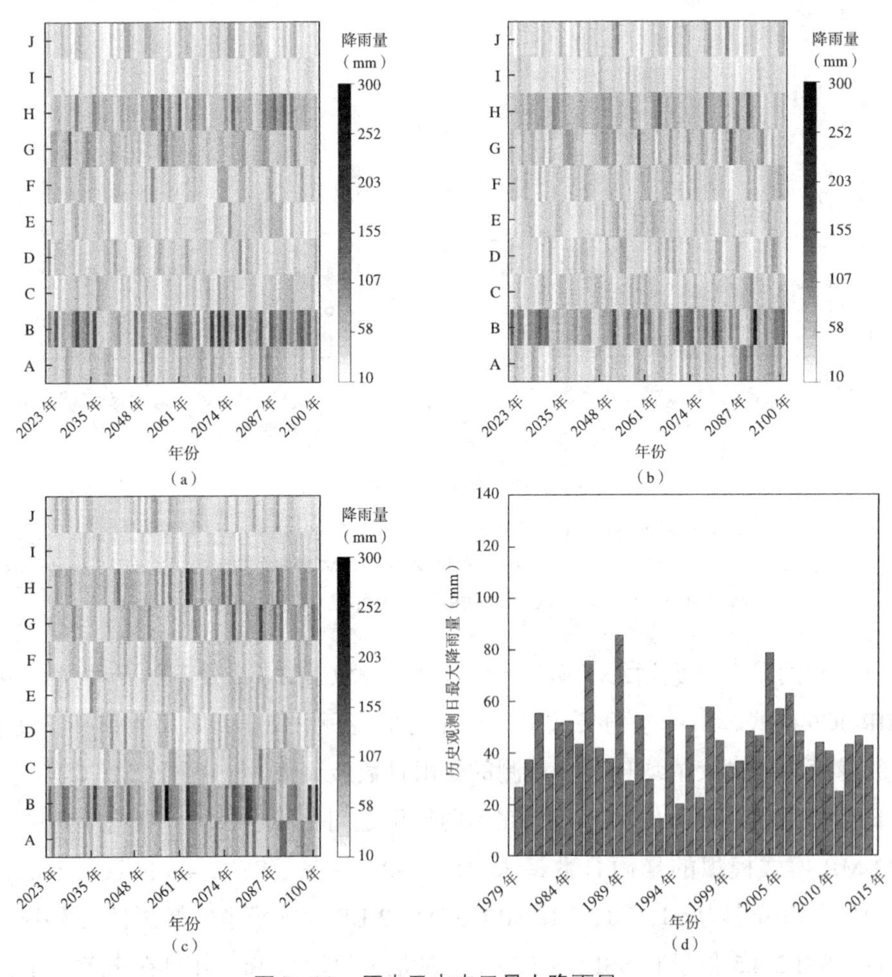

图 2-20　历史及未来日最大降雨量

（a）SSP1-2.6 情景；（b）SSP2-4.5 情景；（c）SSP5-8.5 情景；（d）历史情景

注：图中 A ~ J 分别代表：ACCESS-CM2、BCC-CSM2-MR、CNRM-CM6-1、CNRM-ESM2-1、INM-CM4-8、INM-CM5-0、IPSL-CM6A-LR、MIROC6、MPI-ESM1-2-LR、MRI-ESM2-0。

景、SSP2-4.5 情景和 SSP5-8.5 情景下的最大值分别为 61.77mm、64.70mm、59.71mm。并且在未来三种情景下，BCC-CSM2-MR 模式模拟的日最大降雨量在所有情景下均最大，MPI-ESM1-2-LR 模式模拟的日最大降雨量在所有情景下均最小。

历史及未来 5 日最大降雨量见图 2-21。将 CMIP6 模拟的 5 日最大降雨量与历史观测的 5 日最大降雨量相比较，历史观测的 5 日最大降雨量的最大值仅有 136.67mm，而 CMIP6 模拟的 5 日最大降雨量显著增加，SSP1-2.6 情景、SSP2-4.5 情景和 SSP5-8.5 情景下模拟的 5 日最大降雨量最大值分别比历史观测的 5 日最大降雨量增加了 147.36mm、145.02mm、269.35mm。所有 CMIP6 模式模拟的 5 日最大降雨量最大值均比历史观测的 5 日最大降雨量的最大值大。不同 CMIP6 模式模拟的 5 日最大降雨量结果之间差异较大，并且在不同年份之间差异也较大。所有年份中，BCC-CSM2-

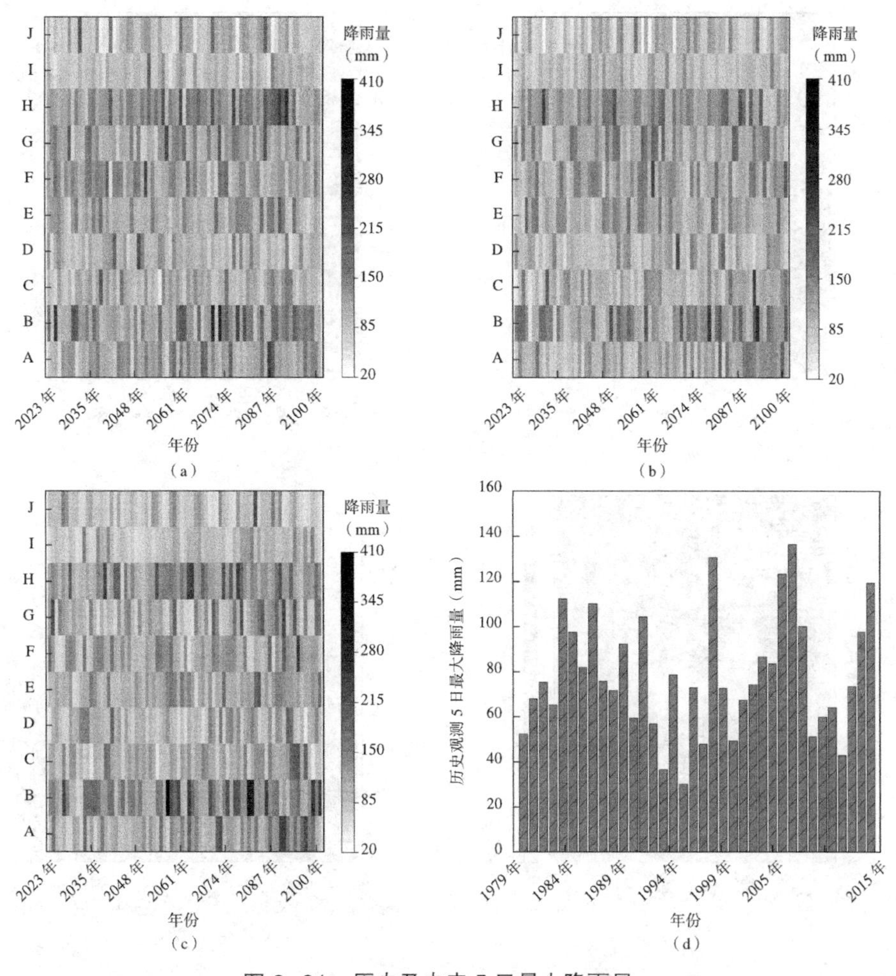

图 2-21　历史及未来 5 日最大降雨量

（a）SSP1-2.6 情景；（b）SSP2-4.5 情景；（c）SSP5-8.5 情景；（d）历史情景

注：图中 A ~ J 分别代表：ACCESS-CM2、BCC-CSM2-MR、CNRM-CM6-1、CNRM-ESM2-1、INM-CM4-8、INM-CM5-0、IPSL-CM6A-LR、MIROC6、MPI-ESM1-2-LR、MRI-ESM2-0。

MR 模式模拟的 5 日最大降雨量最大，SSP1-2.6 情景、SSP2-4.5 情景和 SSP5-8.5 情景下的最大值分别为 528.48mm、631.33mm、584.00mm；MPI-ESM1-2-LR 模式模拟的 5 日最大降雨量最小，SSP1-2.6 情景、SSP2-4.5 情景和 SSP5-8.5 情景下的最大值分别为 284.03mm、281.69mm、406.02mm。并且在未来三种情景下，BCC-CSM2-MR 模式模拟的 5 日最大降雨量在所有情景下均最大，MPI-ESM1-2-LR 模式模拟的 5 日最大降雨量在所有情景下均最小。

历史及未来强降雨率见图 2-22。将 CMIP6 模拟的强降雨率与历史观测的强降雨率相比较，结果显示历史观测的强降雨率的最大值为 73.7%，CMIP6 模拟的强降雨率显著减少，SSP1-2.6 情景、SSP2-4.5 情景和 SSP5-8.5 情景下模拟的强降雨率最小值分别比历史观测的强降雨率减少了 33.70%、20.01%、30.20%。三种 CMIP6 情景

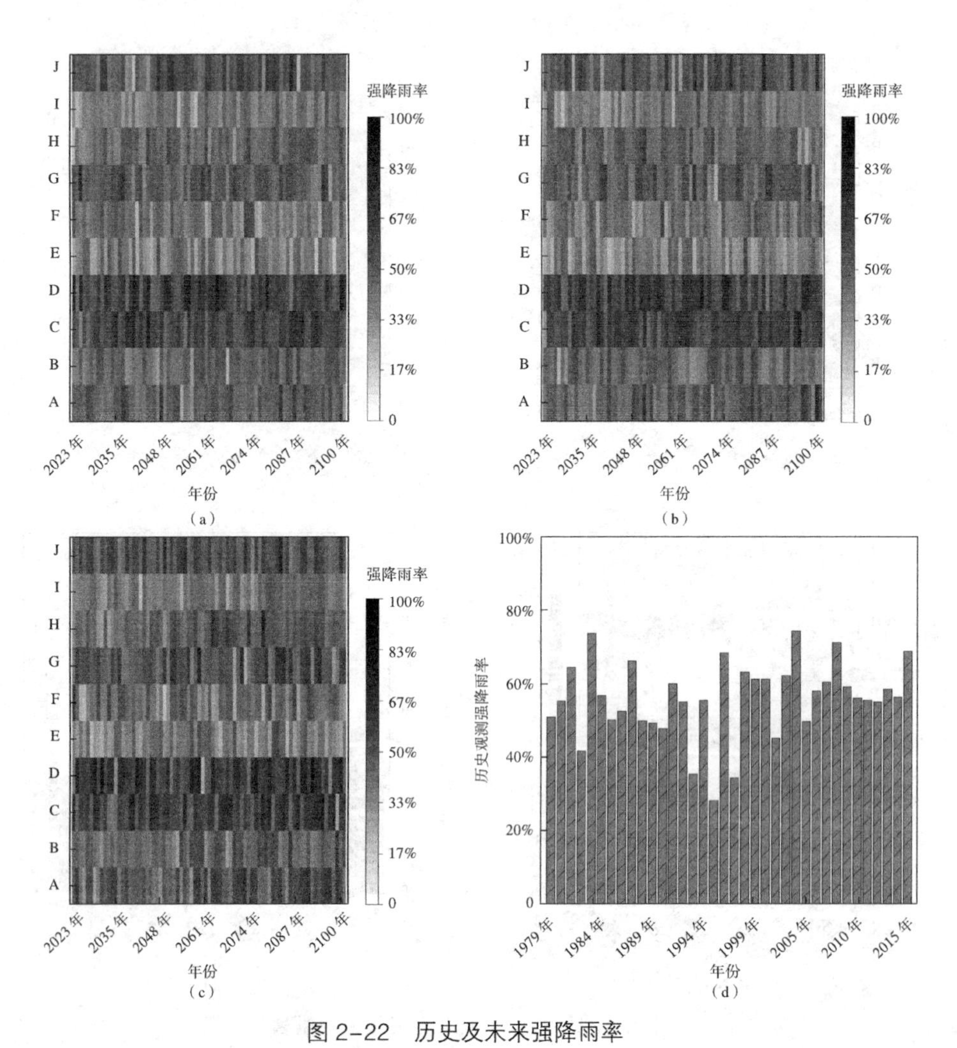

图 2-22 历史及未来强降雨率

（a）SSP1-2.6 情景；（b）SSP2-4.5 情景；（c）SSP5-8.5 情景；（d）历史情景

注：图中 A ~ J 分别代表：ACCESS-CM2、BCC-CSM2-MR、CNRM-CM6-1、CNRM-ESM2-1、INM-CM4-8、INM-CM5-0、IPSL-CM6A-LR、MIROC6、MPI-ESM1-2-LR、MRI-ESM2-0。

下的十种模式相比较，CNRM-CM6-1模式、CNRM-ESM2-1模式模拟的强降雨率最大值比历史观测的强降雨率最大值大，其余模式模拟的强降雨率最大值比历史观测的强降雨率最大值小。不同CMIP6模式模拟的强降雨率结果之间差异较大，并且在不同年份之间差异也较大。所有年份中，CNRM-ESM2-1模式模拟的强降雨率最大，SSP1-2.6情景、SSP2-4.5情景和SSP5-8.5情景下的最大值分别为78.32%、75.26%、75.32%；MPI-ESM1-2-LR模式模拟的强降雨率最小，SSP1-2.6情景、SSP2-4.5情景和SSP5-8.5情景下的最大值分别为40.00%、53.69%、43.50%。并且在未来三种情景下，CNRM-ESM2-1模式模拟的强降雨率在所有情景下均最大，MPI-ESM1-2-LR模式模拟的强降雨率在所有情景下均最小。

综合对比极端降雨指标，相比于历史观测值，未来总降雨量、总暴雨量、暴雨日数、日最大降雨量等指标显著增加，也证明了由降雨集中度分析得到的未来极端事件将显著增加的结论；强降雨日数增加得不明显；而强降雨率显著减少。从不同模式模拟结果来看，相比于历史观测值，BCC-CSM2-MR模式模拟的未来极端降雨指标变化最大，MPI-ESM1-2-LR模式模拟的未来极端降雨指标变化最小，这两种模式在不同年份之间也表现出相同规律。

2.4　本章小结

本章概述了研究区域的基本情况，着重介绍了历史及未来降雨数据的收集途径与预处理方法，并且通过统计降尺度及偏差校正方法得到了研究区域的历史及未来降雨数据，分析了降雨在年内、年际以及极端情况下的特征，明确了研究区域历史及未来降雨的演变趋势，为后续章节提供基础数据。主要结论如下：

（1）CMIP6模拟的降雨数据可以准确反映历史的降雨情况，历史观测与CMIP6模拟的日尺度降雨量的决定系数R^2均大于0.5，其中MRI-ESM2-0模式的模拟效果最好，决定系数R^2为0.76；历史观测与CMIP6模拟的多年日平均降雨量的决定系数R^2为0.99，模拟精度较高。这证明采用CMIP6模拟的未来降雨数据可以被用来分析未来研究区域降雨量的演变特征。未来降雨在年内变化具有明显的季节性，并且分布较均匀。未来降雨在年际的变化特征较为明显，近期和中期内降雨量呈增加趋势，远期降雨量不再显著增加。近期年累计降雨量均值比历史增加13.60mm，中期年累计降雨量均值比历史增加20.20mm，远期年累计降雨量均值比历史增加37.66mm。

（2）从各极端降雨指标的演变特征可以分析出，未来总降雨量、总暴雨量、暴雨日数、日最大降雨量等指标显著增加，强降雨日数增加得不明显，而强降雨率显著减少。极端降雨情况需要被重视，应对研究区域雨水系统制定适应性策略，以控制气候变化影响下极端降雨所引起的内涝及面源污染。

第3章 灰绿雨水设施配置决策指标体系与模型构建

为了评估灰绿雨水设施在城市水生态、水安全、大气环境方面产生的效益，决策者需要建立一个决策指标体系来评估其性能。本章基于层次分析法建立了以水生态、水安全、大气环境和成本为指标的灰绿雨水设施配置决策指标体系，采用货币化方法计算灰绿雨水设施全生命周期成本及效益。并且将一维城市排水管网模型（MIKE URBAN）及二维地表漫流模型（MIKE 21），用一二维耦合模型（MIKE FLOOD）洪水模拟软件进行耦合，构建城市雨洪及面源污染一维—二维（1D-2D）MIKE模型，采用实测数据率定验证模型，提高模型的模拟精度。

3.1 灰绿雨水设施配置决策指标体系

3.1.1 决策指标体系构建的原则

灰绿雨水设施配置决策的核心是建立评价指标体系，为了确保评价指标体系的可靠性、准确性与可信度，在构建评价指标体系时应该尽可能全面涵盖决策目标的所有内容，更加科学、准确地描述决策目标，指标体系的构建应贯彻目的性、全面性与独立性、科学与客观性、可度量与可操作性、简洁明确等原则[129]。

（1）目的性原则。所有评价指标体系的构建都有其目的性，在明确了评价目标的情况下，才能准确找到相应指标。海绵城市建设是在城市化带来诸多问题时顺应城市发展所提出的，以此来缓解这些问题。因此在评价时选择的指标必须能够体现灰绿雨水设施效益的其中一项。

（2）全面性与独立性原则。评价指标需要尽可能考虑水生态、水环境、水资源、水安全、大气环境、成本等方面，充分体现灰绿雨水设施的效益，但每个指标要有清晰的边界，保持其独立性。同时对其余指标起到配合作用，保证体系的总体全面性。正是由于不同的指标相互交叉，在构建评价指标体系的初期应该多方面查阅资料，分类进行归纳整理，才能得到最全面、最科学、最系统的指标框架。

（3）科学与客观性原则。海绵城市是在低影响开发基础上提出的一种理念，在这方面已经有众多国内外专家学者进行了大量研究，在此基础上进行指标选取，应遵循科学性原则，保证评价结果的可靠性。同时，评价指标体系的建立应避免主观臆断，这样才能建立符合建设实际、经得起检验的体系。

（4）可度量与可操作性原则。指标的选择应考虑其资料的获取和度量较容易，这样利于分析，从而提高结论的有效性。同时应该充分考虑后期的可操作性，对有疑问的指标项应该重新进行整理和分析，可以通过专家咨询、问卷等方式对目标项进行细化，分解到可以具体操作的子项，进行综合评价分析。

（5）简洁明确原则。在构建评价指标体系时应该简洁，避免内容的复杂和多层次化，利用最少的指标项涵盖最多的内容。简洁明确的指标有利于指标的使用和传播，能够快速对相关问题进行评价描述。

3.1.2　决策指标体系的层次结构

海绵城市建设作为城市建设中的新模式，应该有符合自身的科学评价体系和标准，对海绵城市建设的好坏进行界定，从而使建设过程更加科学合理。《海绵城市建设评价标准》GB/T 51345—2018 对海绵城市建设的评价内容和方法作了规定，其中包括年径流总量控制率及其径流体积控制、源头减排项目实施有效性、路面积水控制与内涝防治、城市水体环境质量及城市热岛效应缓解 7 项评价指标 [130]。本书结合海绵城市的建设目标，以及《海绵城市建设评价标准》GB/T 51345—2018[130]、《新型智慧城市评价指标》GB/T 33356—2022[131] 等，从水生态、水安全、大气环境、成本角度，筛选了 13 个评价指标，如表 3-1 所示。水生态方面包括城市热岛效应、补充地下水、污水再生利用等指标；水安全方面包括水质安全和水量安全两个指标，即 SS 负荷削减、COD 负荷削减、溢流量削减等指标；大气环境方面包括净化空气中 NO_2、SO_2 和 PM_{10} 污染等指标；成本方面包括灰绿雨水设施的施工及维护成本等。

评价指标表　　表 3-1

分类	编号	指标
水生态	C1 ~ C3	城市热岛效应、补充地下水、污水再生利用
水安全	C4 ~ C6	SS 负荷削减、COD 负荷削减、溢流量削减
大气环境	C7 ~ C9	净化空气中的 NO_2、净化空气中的 SO_2、净化空气中的 PM_{10}
成本	C10 ~ C13	绿色基础设施施工成本、灰色基础设施施工成本、绿色基础设施维护成本、灰色基础设施维护成本

对于海绵城市建设的效果评价，其评价指标分层交错，而且目标值难以定量描述。层次分析法（AHP）是指将一个复杂的多目标决策问题作为一个系统，将总目标分解为多个子目标，进而分解为多指标（或准则、约束）的若干层次结构，通过定性指标量化方法计算出层次单排序（权数）和总排序，以此作为多指标、多方案优化决策的系统方法。本书采用层次分析法构建灰绿雨水设施配置决策指标体系。将决策的目标、考虑的因素和决策对象按它们之间的相互关系分为最高层（目标层 A）、中间层（准则层 B 与 C）和最低层（决策层 D），绘出层次结构图（图 3-1）。目标层是指决策的目的、要解决的问题，即以多目标效益最大化为目标。准则层是指考虑的因素、决策的准则，包括水生态效益、水安全效益、大气环境效益、成本等一级决策指标，及其对应的子指标，即城市热岛效应、补充地下水、污水再生利用、SS 负荷削减、COD 负荷削减、溢流量削减、净化空气中的 NO_2、SO_2 及 PM_{10}，以及灰绿雨水设施的施工成本与维护成本。决策层是海绵城市灰绿雨水设施配置的方案情景，采用灰色基础设施和绿色基础设施耦合配置的方式进行情景设定。

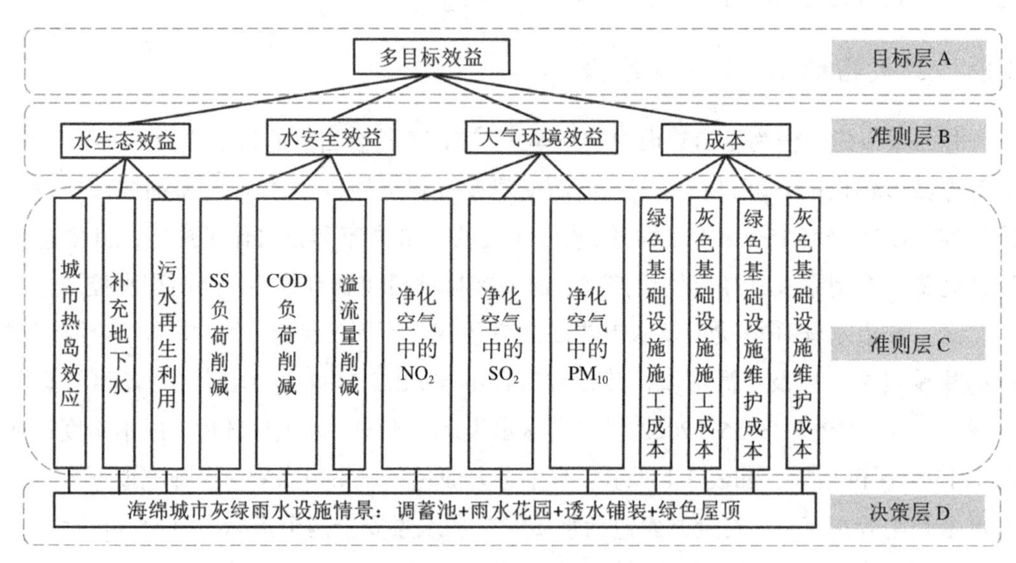

图 3-1　灰绿雨水设施决策指标体系的层次结构图

3.1.3　决策指标赋权方法

在进行评价时，关键的问题是确定各个指标的权重。权重反映了各指标之间的相对重要性，当评价对象和评价指标确定以后，问题的综合评价结果就完全依赖于权重的取值。因此，权重的合理性直接影响了评价结果的合理性，直至影响结论的正确性与可信性。计算权重的方法主要分成两类，分别为主观赋权法和客观赋权法。主观赋权法是由评价者对评价指标进行主观上的赋权，主要是通过评价者对评价指标进行打分，从而获得定量化的数据[132]。常见的主观赋权法主要有层次分析法、德尔菲法、

二项系数法等 [133–135]。通过主观赋权法对评价指标权重进行确定，能够反映评价者的经验以及主观意向，是较为常用的指标赋权方法。但是想要获取较为准确的评价结果，必须要做大量的工作，务必对大量的评价者进行咨询，以保证评价结果的可靠性。客观赋权法的影响因素主要来源于客观环境，其基本思想是利用各指标间的相互关系或提供的信息量来确定 [136]。常见的客观赋权法有相关系数法、主成分分析法、熵值法和灰色关联度法等 [137]。虽然客观赋权法能够克服主观赋权法中一些不利的影响因素，所获得的结果不依赖于人的主观性，也有较强的数学理论基础，但是其没有对指标本身的重要性进行考虑。本书采用主观赋权法中的层次分析法进行指标赋权。

层次分析法的步骤主要包括：①建立问题的层次结构模型（见 3.1.2 节决策指标体系的层次结构）；②利用 1 ~ 9 标度构造两两比较判断矩阵，以及进行一致性检验，包括计算一致性指标 CI、平均随机一致性指标 RI 和一致性比率 CR，然后需要对 CR 的大小进行判断，若 $CR < 0.1$，则两两比较判断矩阵一致性检验符合条件；③求得每一层次的各元素对上一层次某元素的优先权重，最后用加权和的方法递阶归并各备选方案对总目标的最终权重 [138]。

根据上述步骤构造出目标层（多目标效益 A）关于准则层 B 的判断矩阵（表 3-2），以及准则层 B1、B2、B3、B4 的指标层判断矩阵（表 3-3 ~ 表 3-6）。对已构建的 5 个判断矩阵进行一致性检验。经计算，构造的判断矩阵均符合一致性检验条件，具体结果如下：

（1）目标层（A）两两判断矩阵的一致性检验结果

目标层（A）的判断矩阵，其特征根 $\lambda_{max}=4.01$，$n=4$，$CI=(\lambda_{max}-n)/(n-1)=0.003$；由于 $n=4$ 时 $RI=0.882$，$CR=0.004 < 0.1$，达到一致性检验要求。

（2）准则层（B1）判断矩阵一致性检验结果

准则层（B1）的判断矩阵，其特征根 $\lambda_{max}=3.0735$，$n=3$，$CI=(\lambda_{max}-n)/(n-1)=0.0368$；由于 $n=3$ 时 $RI=0.525$，$CR=0.07 < 0.1$，达到一致性检验要求。

（3）准则层（B2）判断矩阵一致性检验结果

准则层（B2）的判断矩阵，其特征根 $\lambda_{max}=3.074$，$n=3$，$CI=(\lambda_{max}-n)/(n-1)=0.037$；由于 $n=3$ 时 $RI=0.525$，$CR=0.07 < 0.1$，达到一致性检验要求。

（4）准则层（B3）判断矩阵一致性检验结果

准则层（B3）的判断矩阵，其特征根 $\lambda_{max}=3.0$，$n=3$，$CI=(\lambda_{max}-n)/(n-1)=0$；由于 $n=3$ 时 $RI=0.525$，$CR=0 < 0.1$，达到一致性检验要求。

（5）准则层（B4）判断矩阵一致性检验结果

准则层（B4）的判断矩阵，其特征根 $\lambda_{max}=4.0$，$n=4$，$CI=(\lambda_{max}-n)/(n-1)=0$；由于 $n=4$ 时 $RI=0.882$，$CR=0 < 0.1$，达到一致性检验要求。

A-B 准则层指标判断矩阵　　表 3-2

多目标效益 -A	水生态效益 -B1	水安全效益 -B2	大气环境效益 -B3	成本 -B4
水生态效益 -B1	1	1	2	1/2
水安全效益 -B2	1	1	2	1/2
大气环境效益 -B3	1/2	1/2	1	1/3
成本 -B4	2	2	3	1

B1-C 指标层判断矩阵　　表 3-3

水生态效益 -B1	城市热岛效应 -C1	补充地下水 -C2	污水再生利用 -C3
城市热岛效应 -C1	1	1/4	1/3
补充地下水 -C2	4	1	3
污水再生利用 -C3	3	1/3	1

B2-C 指标层判断矩阵　　表 3-4

水安全效益 -B2	SS 负荷削减 -C4	COD 负荷削减 -C5	溢流量削减 -C6
SS 负荷削减 -C4	1	3	1/3
COD 负荷削减 -C5	1/3	1	1/4
溢流量削减 -C6	3	4	1

B3-C 指标层判断矩阵　　表 3-5

大气环境效益 -B3	净化空气中的 NO_2-C7	净化空气中的 SO_2-C8	净化空气中的 PM_{10}-C9
净化空气中的 NO_2-C7	1	1	1
净化空气中的 SO_2-C8	1	1	1
净化空气中的 PM_{10}-C9	1	1	1

B4-C 指标层判断矩阵　　表 3-6

成本 -B4	绿色基础设施施工成本 -C10	灰色基础设施施工成本 -C11	绿色基础设施维护成本 -C12	灰色基础设施维护成本 -C13
绿色基础设施施工成本 -C10	1	2	1	2
灰色基础设施施工成本 -C11	1/2	1	1/2	1
绿色基础设施维护成本 -C12	1	2	1	2
灰色基础设施维护成本 -C13	1/2	1	1/2	1

通过构建两两判断矩阵获得了各层级中各元素的层级权重，按照层级间关系矩阵可以层层向上进行逐层合成权重计算，最终获得最后一层各指标相对于最顶层多目标效益的相对权重值，即合成权重，见表 3-7。从目标层基于准则层的权重分配可以得到一级指标的权重大小依次为：成本＞水安全效益 = 水生态效益 = 大气环境效益。从指标层 B 各指标相对于目标层的合成权重大小分析，其中补充地下水效益、溢流削减

效益、灰绿雨水设施施工与维护成本、SS 负荷削减效益等的权重较大。权重大的评价指标重要程度大，权重小的评价指标重要程度小。海绵城市建设理念是在适应环境变化和雨水带来的自然灾害等方面具有较好的弹性，从而提升城市生态系统功能、改善水环境和减少城市内涝灾害的发生[139]。并且，在建设海绵城市灰绿雨水设施过程中需要考虑设施的原料获取、设计施工、运行维护等现值成本，节约工程成本，保证工程项目的合理投资。采用层次分析法得到的权重取值与海绵城市的建设目标相符，结果具有实际意义。

C 层合成权重 表 3-7

指标	合成权重	指标	合成权重
C	—	净化空气中的 NO_2-C7	0.0406
城市热岛效应 -C1	0.0266	净化空气中的 SO_2-C8	0.0406
补充地下水 -C2	0.1396	净化空气中的 PM_{10}-C9	0.0406
污水再生利用 -C3	0.0608	绿色基础设施施工成本 -C10	0.1412
SS 负荷削减 -C4	0.0608	灰色基础设施施工成本 -C11	0.0706
COD 负荷削减 -C5	0.0265	绿色基础设施维护成本 -C12	0.1412
溢流量削减 -C6	0.1396	灰色基础设施维护成本 -C13	0.0706

3.2 灰绿雨水设施全生命周期货币化方法

海绵城市灰色基础设施、绿色基础设施可以产生多种效益，包括水生态、水安全和大气环境等方面。对各效益指标进行货币化计算能更加直观地体现其综合价值以及实际收益，对灰绿雨水设施的开发、建设及优化配置具有重要指导意义。除成本外的其他效益需要以转化为货币的方式进行衡量，这就需要采用环境经济学中的方法，例如市场价值法、替代工程法、生态服务价值法等进行灰绿雨水设施效益识别与测算。

一次降雨或一年降雨产生的效益由货币化模型计算，但是仅通过一年的效益计算不能有效评价灰绿雨水设施全生命周期过程。据文献统计，雨水花园、绿色屋顶和透水铺装的生命周期为 30 年[34]，本书以 30 年为限研究灰绿雨水设施全生命周期效益。统计历史与未来 30 年，三种气候变化情景下的降雨场次，由此估算历史与未来情景下，灰绿雨水设施建设 30 年所产生的效益值。

历史降雨情景下，从 1979 年到 2014 年，研究区域大于或等于 10mm 的降雨场次总共为 578 次。通过折算，30 年内，2 年、5 年、10 年、20 年和 50 年重现期下降雨场次分别为 391 次、64 次、15 次、8 次和 3 次。同理，未来降雨情景下，以模拟效果最好的 CMIP6 模式为基础，即 2.2.3 节所述的 MRI-ESM2-0 模式。统计 MRI-ESM2-0 模式预测的 2023 年到 2100 年大于或等于 10mm 的降雨。SSP1-2.6 情景下，大于等于10mm的降雨共1510次，通过折算，未来30年内，2年、5年、10年、20年和50年重现期下降雨场次分别为1107次、123次、21次、5次和3次。SSP2-4.5情景下，大于等于10mm的降雨场次共1538次，通过折算，未来30年内，2年、5年、10年、20年和50年重现期下降雨场次分别为1104次、153次、18次、6次和1次。SSP5-8.5情景下，大于等于10mm的降雨场次共1510次，通过折算，未来30年内，2年、5年、10年、20年和50年重现期下降雨场次分别为1112次、123次、14次、8次和2次。历史及未来降雨场次曲线见图3-2。

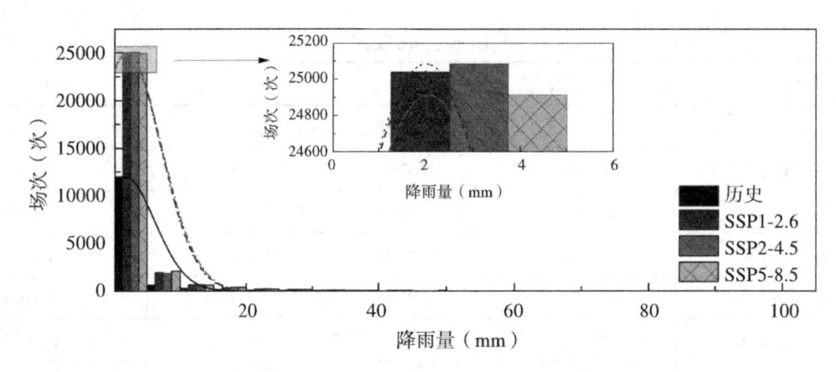

图3-2　历史及未来降雨场次曲线

由图3-2可以看出，0～30mm降雨量之间，降雨场次分布较多，并且集中分布在0～5mm降雨量之间。未来2年、5年、10年、20年、50年的降雨场次显著增加，尤其是2年重现期的降雨场次增加最显著，30年间的2年重现期的降雨场次最多可达1112次，平均一年37次。相比历史2年重现期，未来30年间，2年重现期的降雨场次增加了184.39%。极端情景如20年、50年重现期的降雨场次增加趋势不明显，与历史降雨场次相近。

3.2.1　水生态效益货币化模型

1. 城市热岛效应的货币化模型

建设绿色基础设施可以增加城市绿地面积，进而起到降温增湿的作用，对减轻城市热岛效应具有重大意义。有研究指出，1hm^{2}绿地的降温效果相当于189台空调全天的制冷效果[54]，所以将空调的使用作为替代工程，其降低同样温度的耗电量作为绿地调节温度价值[140]。雨水花园和绿色屋顶都被近似概括为绿地。城市热岛效应的货币化模型见式（3-1）和式（3-2）。

$$C1=189S_1P_1 \tag{3-1}$$

$$P_1=720P_2Yn \tag{3-2}$$

式中　S_1——海绵城市建设新增的绿地面积，即雨水花园与绿色屋顶的总面积，hm^2；

P_1——单位面积雨水花园、绿色屋顶的气候调节价值，元；

n——使用空调的月份，按 4 个月计算；

P_2——空调耗电量，取 0.86kWh/h[140]；

Y——用电价格，西安市用电价格取 0.5 元 /kWh[141]。

2. 补充地下水的货币化模型

渗透设施可以控制地表径流，回灌补充地下水，防止地下水位下降。由于地下水资源没有市场价格，因此采用水资源影子价格进行评估。补充地下水的货币化模型见式（3-3）[140]。

$$C2=Q_1\alpha P_3 \tag{3-3}$$

式中　Q_1——径流控制量（由城市雨洪及面源污染 1D-2DMIKE 模型模拟得出），m^3；

P_3——地下水资源价格，取 4.58 元 /m^3[142]；

α——城市降水对地下水的补给系数，根据西安市地下水观测资料，实测入渗补给系数为 0.12 ~ 0.21，本书取 0.2[140]。

3. 污水再生利用的货币化模型

污水再生利用效益考虑研究区域北石桥污水处理厂的再生水回用的价值。北石桥污水处理厂处理能力为 15 万 m^3/d，处理深度为三级处理，总循环水回用量为 50000 m^3/d[108]。由于雨水没有明确的市场价格，市场价格又与影子价格存在联系，所以将中水的价格作为雨水的影子价格。采用影子价格法计算污水再生利用效益，其货币化模型如式（3-4）所示[140]。

$$C3=Q_2P_4d \tag{3-4}$$

式中　Q_2——回用雨水利用量，m^3，污水处理厂总循环水回用量为 50000m^3/d；

d——一年的天数，按 365d 计算；

P_4——自来水价格，元 /m^3，西安市按 0.924 元 /m^3 取值[140]。

3.2.2　水安全效益货币化模型

1.SS、COD 负荷削减的货币化模型

灰绿雨水设施在填料的作用下可以削减进入设施内的雨水污染物，控制城市水污染。将灰绿雨水设施对雨水污染负荷的削减作用所带来的效益，量化为水环境效益，可采用恢复与防护费用法进行计算[140]。以雨水径流中 SS、COD 的负荷削减作为主要环境效益评价指标，其货币化模型如式（3-5）所示。

$$C4 \sim C5=\frac{q_c}{Q_c}P_c \quad (3-5)$$

式中 q_c——各污染物负荷削减量，即与传统策略相比，海绵城市灰绿策略中每种污染物的负荷减少量（由城市雨洪及面源污染 1D-2D MIKE 模型模拟得出），kg；

Q_c——应税污染物当量值（即不同污染物的污染危害和处理费用的相对关系），参考《中华人民共和国环境保护税法》，SS 和 COD 分别为 4kg 和 1kg；

P_c——应税污染物的当量征收标准，参考《中华人民共和国环境保护税法》为 1.4 ~ 14 元，本书取 7.7 元。

2. 溢流量削减的货币化模型

溢流量削减是指通过修建海绵城市灰绿雨水设施，渗透、收集与利用雨水，减少雨水的径流量，进而减少管网运行和水处理费用[143]。因此，将管网运行和水处理作为替代工程，间接衡量溢流量削减的效果[144]，其货币化模型见式（3-6）。

$$C6=q_1 (P_5+P_6) \quad (3-6)$$

式中 q_1——与传统策略相比，海绵城市灰绿策略下溢流减少量（由城市雨洪及面源污染 1D-2D MIKE 模型模拟得出），m^3；

P_5 和 P_6——分别为雨水管网的运行费用、自来水污染处理费，元 /m^3，取值分别为 0.5 元 /m^3、0.95 元 /m^3[145]。

3.2.3 大气环境效益的货币化模型

绿色屋顶、雨水花园设施能够直接吸收空气中的污染物，如 NO_2、SO_2，以及直径小于或等于 10μm 的颗粒物（PM_{10}），从而净化空气。同时，绿色屋顶能够调节室内温度、隔热保温，在一定程度上减少能耗，从而间接避免了能源消耗过程中排放的空气污染物[56]。净化空气的货币化模型见式（3-7），式中的参数取值参考相关文献[146]。

$$C7 \sim C9=P_7 (q_2A_1+q_3A_2+Q_5A_1\beta_2) \quad (3-7)$$

式中 q_2、q_3——分别为每年每平方米绿色屋顶和雨水花园设施吸收的空气污染物量，g/（$m^2 \cdot a$），NO_2、SO_2、PM_{10} 分别取 1.9g/（$m^2 \cdot a$）、1.6g/（$m^2 \cdot a$）、0.6g/（$m^2 \cdot a$）；

A_1、A_2——分别为绿色屋顶及雨水花园的面积，m^2；

Q_5——绿色屋顶每年减少的用电量，kWh/（$m^2 \cdot a$），取 15.39kWh/（$m^2 \cdot a$）；

β_2——每使用 1kWh 电力所排放的空气污染物量，g/kWh，NO_2、SO_2、PM_{10} 分别取 1.2g/kWh、1.7g/kWh、0；

P_7——空气污染物的处理成本，元 /g，NO_2、SO_2、PM_{10} 分别取 0.05418 元 /g、0.02322 元 /g、0.03613 元 /g。

3.2.4 全生命周期成本模型

全生命周期成本分析是考虑工程项目最初的原材料、设计施工、运输、维护管理以及废弃处置的全过程现值成本[147]。对海绵城市建设进行全生命周期成本分析可以指导工程项目合理投资建设。灰绿雨水设施的全生命周期成本分析从灰绿雨水设施的施工成本、维护成本以及设施残值三方面进行计算。施工成本（C10、C11）包括土地、设计和建造等初始成本。参考《海绵城市建设技术指南——低影响开发雨水系统构建（试行）》，调蓄池、雨水花园、绿色屋顶和透水铺装的施工成本分别取 800 元 /m^3、150 元 /m^2、100 元 /m^2 和 100 元 /m^2。海绵城市灰绿雨水设施的维护管理是确保已建灰绿雨水设施有效性的行为，维护成本（C12、C13）需要从人工费、资料费、能源费等方面考虑[148]。调蓄池的维护成本按其施工成本的 2% 考虑，为 16 元 /m^3[149]。雨水花园、绿色屋顶和透水铺装的维护成本分别取 3.5 元 /m^2、3 元 /m^2 和 1.5 元 /m^2。与传统策略仅布设雨水管网相比，绿色基础设施的建设可以降低工程的维护成本，具有显著的经济效益。灰绿雨水设施的残值是指设施运行至寿命年限需要拆除或者替换，但是仍存在剩余可回收的价值。假设灰绿雨水设施建造完成于第 0 年，灰绿雨水设施的全生命周期成本按 30 年考虑，其 30 年的总成本现值按式（3-8）和式（3-9）计算[150]。

$$LCC=C_{\text{capital}}+\sum_{t=1}^{n}\frac{1}{(1+r)^t}C_{\text{O\&M}_t}-\frac{SV_n}{(1+r)^n} \tag{3-8}$$

$$SV_n=\left(1-\frac{J_1}{J_2}\right)C_{\text{O\&M}} \tag{3-9}$$

式中 LCC——灰绿雨水设施全生命周期成本，元；

C_{capital}——灰绿雨水设施的初始成本，即施工成本，元；

t——灰绿雨水设施的服务年限，年；

n——灰绿雨水设施的寿命，按 30 年计算，年；

r——折现率，按 4.5% 计算[150]；

SV_n——灰绿雨水设施的残值，元；

J_1——最后一次开展维护工作到设施寿命年份的时间间隔，按每年 1 次维护的时间间隔计算，年；

J_2——设施的寿命，年；

$C_{\text{O\&M}}$——灰绿雨水设施一年的维护成本，元；

$C_{O\&M_t}$——灰绿雨水设施 t 年的维护成本，元。

3.3 城市雨洪及面源污染 1D–2D MIKE 模型构建

3.3.1 模型原理概述

本书采用的城市雨洪及面源污染 1D-2D MIKE 模型，为丹麦 DHI 机构研发的 MIKE 系列软件，包括模拟一维降雨径流及管网汇流的模型（MIKE URBAN）、模拟二维地表漫流的模型（MIKE 21）以及一、二维耦合模型（MIKE FLOOD）。

1. 水量模拟原理

采用 MIKE URBAN、MIKE 21 以及 MIKE FLOOD 进行水量模拟。水量模拟过程涉及地表径流过程、管网汇流过程、地表漫流过程、地下排水管网与地面的水流交换过程等。

MIKE URBAN 的地表径流和汇流过程通过降雨径流模块进行模拟。其假设地表与管网的水流为均质不可压缩流体，并且水流不同时进行二维流动。可以采用四种方法模拟径流水量，分别为时间—面积曲线法（模型 A）、非线性水库法（模型 B）、线性水库法（模型 C）和单位水文过程线法（模型 D）[151]。其中，非线性水库法可以详细描述地表径流过程，模型精度较高，所以采用非线性水库法模拟地表径流过程。非线性水库法（模型 B）将地面径流作为明渠流，考虑其中的重力和摩擦阻力作用，径流中的基流分割采用非线性水库法。该方法的进流量主要来自上游汇水和降雨，出流量来自地表径流、蒸发和入渗，最大地表蓄水量为积水、地表湿润量和截流量的总和。当蓄水深度超过最大地表蓄水深度时，产生地表径流。产流量等于降雨量减去蒸发损失量、地表湿润量、蓄水量以及下渗量。下渗量由 Horton 下渗模型计算。Horton 下渗分为下渗阶段和恢复阶段两个阶段[152]。其中，下渗阶段是指降雨前期土壤较干燥，入渗速率最大，但是随着降雨事件的增加而递减，直至达到最小下渗速率。在恢复阶段，降雨停止，土壤逐渐恢复至初始干燥状态。

计算地表径流过程中每个子集水区产生的流量，得到进入雨水管网中的雨水量，然后进行管网汇流计算。通过水动力模块模拟管网汇流过程。水动力模块以质量守恒为前提，其核心控制方程为圣维南方程组，即连续性方程（质量守恒）和动量方程（动量守恒—牛顿第二定律），采用六点隐式有限差分法求解其数值解，可以精确模拟管网回水和节点溢流过程[153]。水动力模块提供了扩散波、运动波、动力波三种演算方法。其中，动力波演算方法假设整个汇水区的坡度、曼宁系数相同，并且汇水宽度不变，描述的是不恒定水流运动。本书采用动力波进行演算。

地表漫流过程采用 MIKE 21 进行模拟，可以描述地表水流、淹没、退水等过程。MIKE 21 采用二维非恒定流方程组描述水流运动过程，包括水流连续性方程、水流沿

X轴方向和Y轴方向的动量方程[154]。MIKE 21 提供 4 种网格，包括单一化网格、嵌套化网格、曲线网格和有限元网格。其中，单一化网格是指将研究区域划分为相同大小的矩形网格，矩形网格的尺寸越大，模型模拟越耗时，但是精度越高；嵌套化网格也是矩形网格，但是可以设置不同的大小；曲线网格形状不规则；有限元网格是一种利用有限元解法的三角形网格。本书采用单一化网格进行计算。用 MIKE 21 进行水动力计算时，忽略了水流跌落的重力加速度，采用纳维—斯托克斯方程进行求解。

地下排水管网与地面水流交换过程的模拟，需要将 MIKE URBAN、MIKE 21，用 MIKE FLOOD 进行动态耦合。耦合这些模型有 6 种不同的连接形式，包括标准连接、侧向连接、结构物连接（隐式）、人孔连接、零流动连接（X方向和Y方向）和河道排水管网连接。因研究区域是地下排水管网与地形之间的连接，所以需要采用人孔连接方式。人孔连接方式是将管网节点（雨水井、检查井和雨水箅等）和地形网格相连接，可以描述排水系统与集水区之间的相互作用，其中积水的集水区通过地形来描述[155]。人孔连接方式假设地下排水管网与地面的水流交换过程主要是通过节点进行的。水流在垂直方向的交互运动可以分为三种情况：①当系统排水能力不足时，节点水位大于地面水位，地下排水管网中水流从节点溢出并进入地表，形成地表积水；②当排水系统具有排水能力时，节点水位小于地面水位，水流从地表的节点回流至地下排水管网，此时地表积水呈消减态势；③当节点水位与地表水位相等，或地表无水时，节点水位低于节点顶部高程，此时地下排水管网与地面的水流不发生交换。

2. 水质模拟原理

水质模拟过程以水量模拟为前提，水量模拟已在前文中阐述，本部分主要概述水质模拟。采用 MIKE URBAN 模拟水质过程。水质模拟主要涉及地表径流水质及管道对流—扩散。其中地表径流水质有两种模拟方法，分别为雨水水质（SWQ）和地表径流水质（SRQ）。其中，SWQ 用于模拟来自径流和渗透的污染物（如重金属、悬浮物和溶解性物质）；SRQ 提供了一个与地表径流相关联的沉淀和污染物的物理描述，用于模拟沉积物和附着污染物的累积和冲刷过程。本书采用 SRQ 模拟地表径流水质演变过程，得到进入雨水管网中的水质，然后进行管网水质模拟。管道对流—扩散过程模拟了管网水流中悬浮细微沉积物和溶解物质的迁移，采用隐式有限差分求解对流—扩散方程。

3. 灰色与绿色基础设施模拟原理

采用 MIKE URBAN、MIKE 21 以及 MIKE FLOOD 模拟灰色与绿色基础设施的水量，采用 MIKE URBAN 模拟灰色与绿色基础设施的水质，大部分原理已在上文阐述。其中，绿色基础设施模拟方式有两种，一种是基于集水区的模拟，另一种是基于管网的模拟。基于集水区的绿色基础设施模拟方式是将集水区划分为渗透区、非渗透区和 LID 区，其中 LID 区额外考虑了储存能力和渗透能力，并且这种方式能进行水质模拟。但是，这种模拟方式只能模拟生物滞留池、入渗沟、雨水罐、植草沟、透水铺装、雨水花园和绿色屋顶等设施。基于管网的绿色基础设施模拟方式是将绿色基础设施概化为 Soakaway。Soakaway 是一种地下结构，内部有孔隙材料，具备一定的渗透能力，可以将水流渗入地下，并且消散到地下水中。在模型中 Soakaway 以节点形式存在，Soakaway 调蓄的水量与子集水区的收纳水量有关，其调蓄的蓄水量不再进入管网，但是当 Soakaway 中的水储满后，额外的水会出流到相连管网中。

3.3.2 1D−2D MIKE 模型构建

以西安市小寨区域为研究对象，建立 MIKE URBAN。参考区域地形图以及雨水管网分布图，将模拟区域排水管网管段概化为 269 段，其中方管管道 17 段，圆管管道 252 段，管道总长 77468.63m；将雨水井概化为 270 个管网节点；排水口 2 个，见图 3-3（a）。采用泰森多边形的方法，以节点划分集水区，并且用最近的方式把每一个汇水区的中心和节点相连接。共划分 268 个子汇水区域，各子汇水区面积为 1.04 ~ 22.22hm^2。将研究区域下垫面概化为绿地、道路、商业用地、居住用地和工业用地五大类，不透水率分别取值为 30、90、70、75 和 85[156, 157]，见图 3-3（b）。根据划分的下垫面用地类型及径流系数，计算每个汇水区的透水与不透水面积。子汇水区的漫流长度按照子汇水区面积开平方取值，为 101.92 ~ 471.41m；子汇水区的坡度按照研究区域数字高程

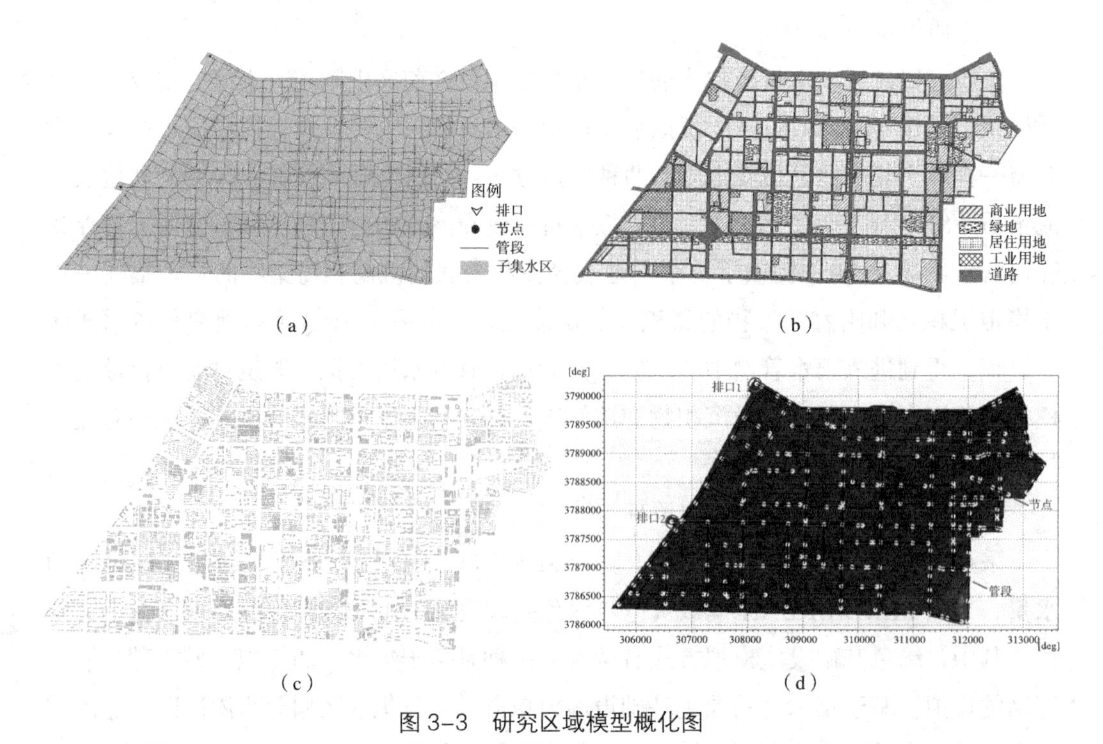

（a）　（b）

（c）　（d）

图 3−3　研究区域模型概化图

（a）研究区域管网概化图；（b）研究区域土地利用类型概化图；（c）研究区域建筑概化图；（d）1D-2D 耦合图

图进行分析计算，为0.07%～5.89%。管道曼宁系数设置为80[158]。采用非线性水库模型的霍顿下渗法模拟产流过程，采用非线性水库法模拟汇流过程。采用地表冲刷与管网水质耦合的方法近似模拟研究区域水质情况，SS与COD衰减系数、沉积速率、剥离速率和冲刷指数等水质模块参数的取值参考前人的研究[159]。

以研究区域数字高程图为基础，将研究区域划分为1350200个5m×5m的网格，创建城市基础地形。为了使建筑物能对二维水流产生阻碍作用，以及道路对地表具有行泄能力，需要将建筑物图层和道路图层叠加到城市基础地形图。根据研究区域地图，经提取单波段、影像重分类和再次重分类等过程提取研究区域建筑轮廓，叠加在城市基础地形中，并且将建筑物加高10m，见图3-3（c）。在城市基础地形中勾勒城市道路，并将城市道路降低0.15m。为了限制在陆地值以上的网格不被水淹没，并且作为研究区域的闭边界，定义陆地值为500m。设置MIKE 21的非淹没深度为0.002m，淹没深度为0.003m，初始水位为0。

将MIKE URBAN及MIKE 21在MIKE FLOOD中进行耦合，可以避免模型的分辨率差异，增加模型的准确率。采用人孔（即检查井）连接，将城市地面水流和下水道水流相互关联。MIKE FLOOD的主要参数包括：最大流量（0.1 m^3/s）、流量系数（0.61）、入流面积（0.16m^2）、排放系数（0.98），并且设置固定模拟时间步长。最终参数经率定验证后确定，耦合图如图3-3（d）所示。

3.3.3 模型率定与验证

模型率定与验证通过输入实测降雨作为模型的降雨边界条件，将模拟内涝点及积水深度与实际内涝点及其积水深度进行比较。相对误差在±20%以内，认为模型具有较高的可信度。采用西安市2016年6月23日降雨及实测积水深度对MIKE FLOOD进行率定。此次降雨过程如图3-4（a）所示，累计降雨量为25.6mm，降雨持续时间为500min，降雨数据时间间隔为1min。按试错法调整模型参数的初始取值。根据现场实

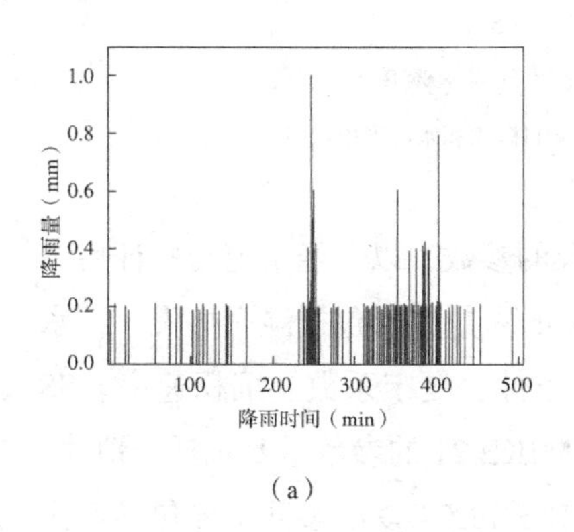

（a）

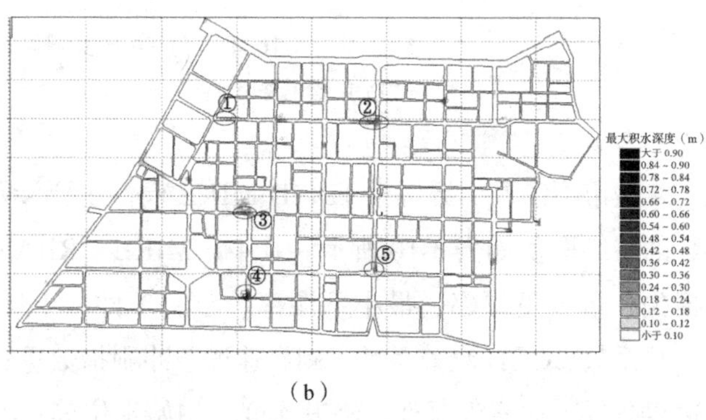

（b）

图3-4 2016年6月23日实测降雨量及积水深度

（a）2016年6月23日降雨过程；（b）2016年6月23日降雨积水深度模拟图

测 5 个积水点的监测结果 [160]，对比实测积水深度与模型模拟积水深度 [图 3-4（b）]，允许误差为 ±20%。如表 3-8 所示，实测与模拟积水深度的相对误差均在 ±20% 以内。西安石油大学南门和师大路长安路交口相对误差较小，模拟结果较准确。

2016 年 6 月 23 日降雨积水率定结果　　表 3-8

图 3-4（b）中序号	积水点	实测积水深度（cm）	模拟积水深度（cm）	相对误差
①	吉祥诚信商业街站点	25	22.97	8.12%
②	小寨十字	40	38.93	2.68%
③	西安石油大学南门	40	40.50	−1.25%
④	东仪福利区公交站点	65	69.85	−7.46%
⑤	师大路长安路交口	40	40.37	−0.93%

采用西安市 2016 年 7 月 24 日降雨及实测积水深度对 MIKE FLOOD 进行验证。此次降雨过程如图 3-5（a）所示，累计降雨量为 97.6mm，降雨持续时间为 480min，降雨数据时间间隔为 10min。根据现场实测 4 个积水点的监测结果 [160]，对比实测积水深度与模型模拟积水深度 [图 3-5（b）]，允许误差为 ±20%。如表 3-9 所示，实测与模拟积水深度的相对误差均在 ±20% 以内。灯具城的相对误差较小，模拟结果更准确。由此可见模型参数设置合理，模型具有较好的精度。

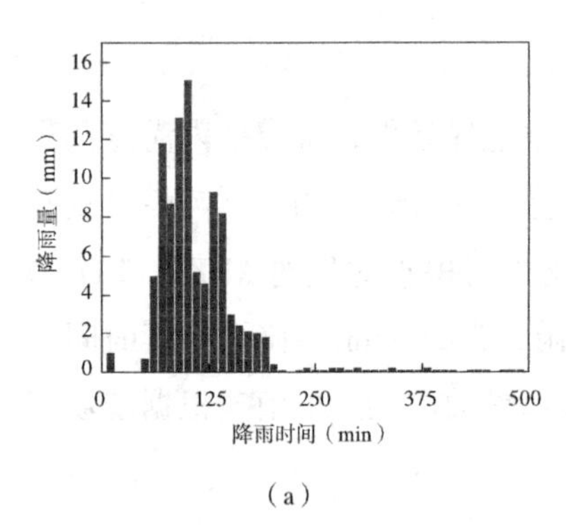

（a）

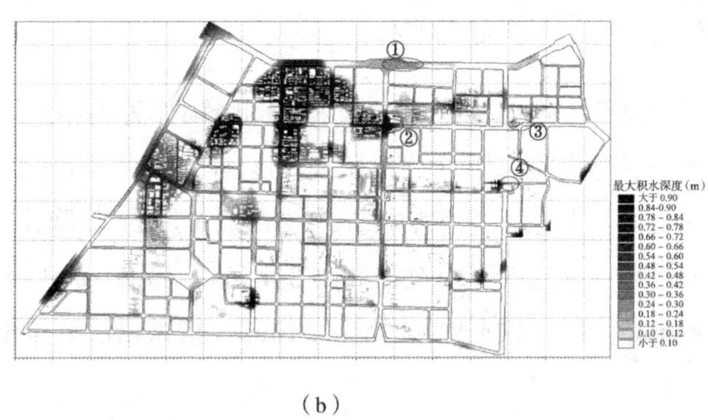

（b）

图 3-5　2016 年 7 月 24 日实测降雨量及积水深度

（a）2016 年 7 月 24 日降雨过程；（b）2016 年 7 月 24 日降雨积水深度模拟图

城市雨洪及面源污染 1D-2D MIKE 模型主要涉及的参数，以及经率定与验证后参数的最终取值如表 3-10 所示。其中，MIKE URBAN 的参数主要包括湿润损失、蓄水损失、最大下渗率、最小下渗率、湿润条件、干燥条件、曼宁系数、沉积速率、SS 衰减系数、COD 衰减系数、剥离速度、冲刷指数等；MIKE 21 的参数主要包括陆地值、边界条件、非淹没深度、淹没深度、初始水位等；MIKE FLOOD 的参数主要包括最大流量、流量系数、入流面积、排放系数等。

2016 年 7 月 24 日降雨积水率定结果 表 3-9

图 3-5（b）中序号	积水点	实测积水深度（cm）	模拟积水深度（cm）	相对误差
①	南二环长安路十字	35	31.05	11.29%
②	小寨十字	105	125.44	−19.47%
③	灯具城	40	40.81	−2.03%
④	大雁塔南广场	40	43.59	−8.98%

城市雨洪及面源污染 1D-2D MIKE 模型参数及最终取值 表 3-10

MIKE URBAN						
参数		不透水区		透水区		
		陡峭地表	平坦地表	渗透性小	渗透性中等	渗透性大
初始损失	湿润损失（m）	0.00005	0.00005	0.00005	0.00005	0.00005
	蓄水损失（m）	—	0.0012	0.0012	0.005	0.005
霍顿下渗	最大下渗率（mm/h）	—	—	76	216	361.3
	最小下渗率（mm/h）	—	—	3.81	24.95	118.5
霍顿指数	湿润条件（s^{-1}）	—	—	0.0015	0.0015	0.0015
	干燥条件（s^{-1}）	—	—	0.000005	0.000005	0.00001
下垫面曼宁系数		80	72	30	10	2.5
管道曼宁系数		80	SS 衰减系数	0.612	COD 衰减系数	0.804
沉积速率 [kg/（hm^2·d）]		50	剥离速率	0.001	冲刷指数（m/h）	2
MIKE 21						
参数		陆地值（m）	边界条件	非淹没深度（m）	淹没深度（m）	初始水位（m）
取值		500	封闭	0.002	0.003	0
MIKE FLOOD						
参数		最大流量（m^3/s）	流量系数	入流面积（m^2）	排放系数	
取值		0.1	0.61	0.16	0.98	

3.4 本章小结

本章基于水生态、水安全、大气环境、成本等指标，建立了灰绿雨水设施配置决策指标体系，采用层次分析方法对指标赋予权重。结果表明，灰绿雨水设施的补充地下水效益和溢流削减效益、施工与维护成本、SS 负荷削减效益等的权重较大，与海绵城市的建设目标相符。为了定量评估灰绿雨水设施配置全生命周期的成本与效益，提出了指标的货币化模型，可以直观比较不同灰绿雨水设施配置方案的成本效益。将模拟一维降雨径流及管网汇流的模型、模拟二维地表漫流的模型，在动态耦合一维与二维平台，构建城市雨洪及面源污染 1D-2D MIKE 模型。对模型进行率定与验证，实测与模拟积水深度的相对误差均在 ±20% 以内，表明模型具有较好的精度。

第 4 章 基于传统开发模式的城市雨洪及面源污染调控效果

城市化的快速发展使得大量的不透水地面代替了原来能够涵养水源的自然地面，导致降雨事件产生的径流量增大，汇流时间缩短，径流污染增加，城市内涝及面源污染严重。由气候变化引起的降雨量增加将进一步加剧城市内涝及面源污染。分析城市雨洪及面源污染特征，有助于识别城市排水系统的薄弱环节并对其进行改造。本章采用芝加哥雨型和研究区域暴雨强度公式对历史降雨情景进行设计。在历史降雨时程分布的基础上，用未来情景相比历史情景降雨量的变化率，推求未来情景下研究区域的设计雨型。通过第 3.3 节构建的城市雨洪及面源污染 1D-2D MIKE 模型，模拟历史及未来 2 年、5 年、10 年、20 年与 50 年重现期下传统策略（即雨水管网）的雨洪及面源污染过程，分析不同重现期下传统策略对水量、水质、内涝积水深度、内涝时间以及内涝分布的调控效果。对研究区域历史及未来的内涝风险进行等级划分，得到研究区域历史及未来内涝风险等级的空间分布。

4.1 历史情景下降雨径流及内涝积水特征分析

4.1.1 降雨情景设计

采用芝加哥雨型生成历史降雨雨型。小寨区域实际暴雨强度公式如式（4-1）所示[161]，考虑城市地区主要是短期和高强度的降雨事件，所以降雨历时设计为 2h[162]。重现期考虑 2 年、5 年、10 年、20 年、50 年五种情况，雨峰系数为 0.4。重现期为 2 年、5 年、10 年、20 年与 50 年的 2h 总降雨量分别为 23.99mm、38.80mm、50.01mm、61.22mm 和 76.04mm。小寨区域不同重现期下 2h 降雨过程如图 4-1 所示，呈右偏态分布，曲线右侧偏长，左侧偏短，降雨平均值靠近右侧，降雨的平均数大于中位数，且大于众数。

$$q=\frac{2210.87(1+2.915\lg P)}{(t+21.933)^{0.974}} \tag{4-1}$$

式中　q——暴雨强度，L/（s · hm²）；

P——重现期，年；

t——降雨历时，min。

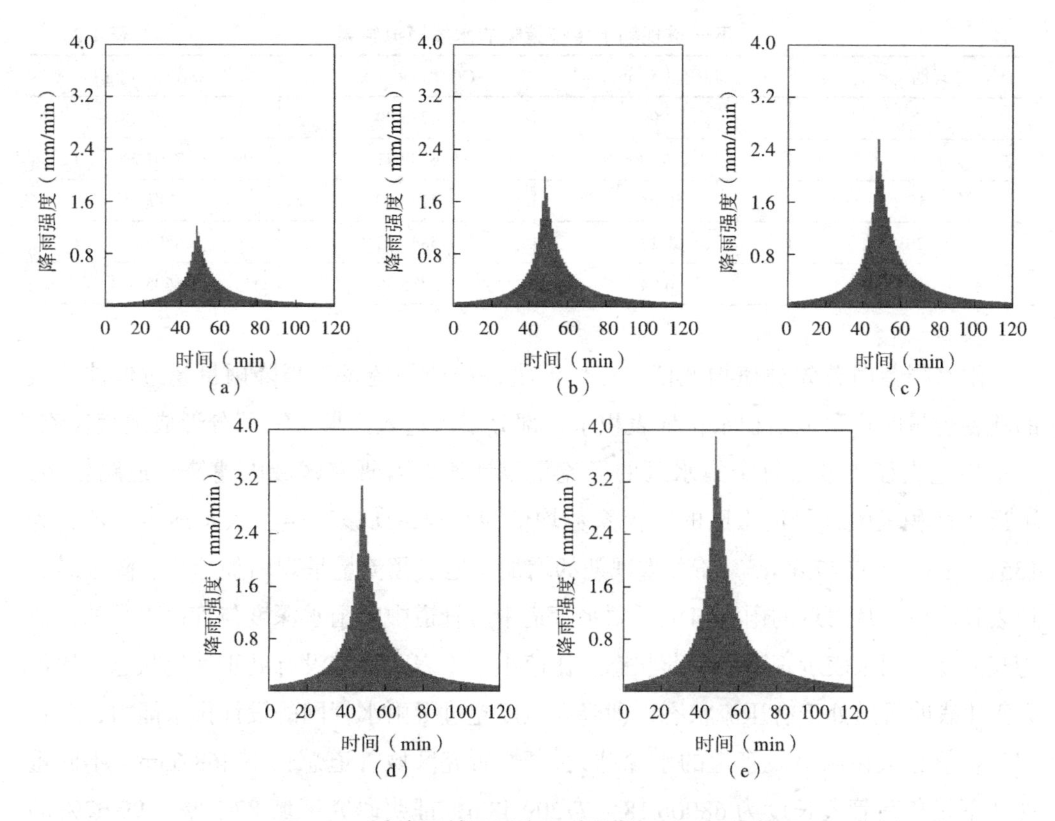

图 4–1　小寨区域不同降雨重现期下 2h 降雨过程

（a）2 年重现期；（b）5 年重现期；（c）10 年重现期；（d）20 年重现期；（e）50 年重现期

4.1.2　传统策略对降雨径流水量及水质的调控效果

将不同重现期的降雨过程作为 MIKE URBAN 的输入条件，为了确保模型能精确模拟径流和管流随时间变化的完整过程，将设计降雨时长由 2h 延长至 6h，并且将延长的时间段内降雨量设计为 0，从而保证 6h 的降雨量与 2h 的降雨量相同。通过降雨数据驱动模型，分别模拟 2 年、5 年、10 年、20 年和 50 年重现期下传统策略的径流和管流过程，得到的水量模拟结果见表 4-1，得到的水质模拟结果见表 4-2。

不同重现期下传统策略的水量模拟结果　　表 4-1

重现期（年）	降雨量（mm）	地表径流量（m^3）	超负荷管段长度（m）	溢流节点数量（个）	溢流量（m^3）	出口排放量（m^3）
2	23.99	135122.93	68006.18	135	261302.34	282385.60
5	38.80	191467.45	74816.60	201	531056.37	414394.70
10	50.01	222782.02	75998.23	219	741339.67	511177.80
20	61.22	249112.32	76488.52	231	945204.76	624941.90
50	76.04	279017.69	77209.48	239	1229768.78	760723.80

不同重现期下传统策略的水质模拟结果　　表 4-2

重现期（年）	降雨量（mm）	COD 负荷（kg）	SS 负荷（kg）
2	23.99	6715.09	7647.18
5	38.80	6289.71	7201.61
10	50.01	5269.19	6085.66
20	61.22	5844.73	6709.81
50	76.04	5785.30	6605.01

雨水降落时首先被植物截留，然后汇集在洼地并蒸发，当降雨量超过低洼地表的洼蓄容量时产生地表积水，地表积水一部分下渗进入土壤，一部分形成地表径流。本书中地表径流量为每个集水区的径流量累计值。因研究区域内建筑与道路较多，不透水面积较大，子汇水区的径流系数均值为 0.74，所以产生了大量地表径流，为 135122.93 ~ 279017.69m^3。随着重现期的增加，地表径流量呈现增加趋势。降雨经过地表径流后，从附近的雨水口汇入雨水管道中。管道中的雨水深度与管道直径的比值为充满度，用来表示管道的负荷状态。比值小于 1 表明管道没有处于满流状态，比值大于 1 表明管道处于有压流状态，即降雨强度超过了雨水管网的设计排水能力，并且超负荷值越大说明该段管道的水深越大[144]。研究区域管道总长 77468.63m，不同重现期下超负荷管段长度为 68006.18 ~ 77209.48m，证明研究区域 87.79% ~ 99.67% 的管段超负荷，导致这种现象的原因一部分是因为受到管道下游顶托作用影响，一部分是因为管道自身排水能力不足[4]。并且，随着重现期增加，进入雨水管网的径流量增加，导致超负荷管段占比增加，且持续时间延长，降低了管网的排水能力，导致排水困难。

溢流节点是指管道满流后在节点处发生溢流的现象。研究区域共概化了 270 个管网节点，其中发生溢流的节点数量为 135 ~ 239 个，50.00% ~ 88.52% 的节点发生了溢流。在降雨初期，降雨强度低于雨水管网的排水能力，管道能够顺利排水，无节点发生溢流现象；但是当降雨强度超过雨水管网的排水能力时，节点开始出现溢流现象，尤其是随着降雨峰值的出现，溢流节点数量迅速增加；降雨峰值后，溢流节点数量逐渐减少，并且随着降雨结束溢流节点消失。溢流量是指溢流节点处汇集的雨水总量，不同重现期下，溢流量为 261302.34 ~ 1229768.78m³。溢流量粗略地反映了地表积水情况，当重现期达到 50 年时，溢流量最大，其对应的地表积水情况最严重。若要精准计算地表积水深度，仍需考虑管网水流与地表水流之间的交换过程。出口排放量是指管网出口处的总排放流量，反映的是排水系统的流出量。出口排放量随重现期的增大而单调递增，表明雨水系统对降雨总量的截留量逐渐增大。结合溢流量和出口排放量可以看出，5 ~ 50 年重现期下，由于雨水管网的设计排水能力较低，溢流量高于出口排放量。

考虑 COD 和 SS 两种污染物，分别模拟两个排口处随时间变化的污染物质量浓度，但是污染物浓度无法反映排口处流量的变化，所以用出口排放量和污染物质量浓度的积（即污染负荷）表示雨水系统的水质污染状况，分析传统策略对水质的控制效果，以 50 年重现期的污染负荷为例，模拟结果如图 4-2 所示。历史情景下 SS 和 COD 负荷随时间变化的趋势相一致，这种趋势与降雨量随时间的变化有关，均表现为排口处的污染负荷在降雨峰值前期随时间增大，在峰值流量之后逐渐减小。排口 1 的 SS 和 COD 负荷出现峰值的时间为降雨发生后约 50min，负荷分别为 256.58kg 和 230.34kg。排口 2 的 SS 和 COD 负荷出现峰值的时间为降雨发生后约 55min，污染负荷分别为 158.59kg 和 140.44kg。排口 1 冲刷出的 SS 和 COD 负荷比排口 2 多。随着重现期的增大，SS 和 COD 负荷峰值均呈波动性增加趋势，这是因为峰值较大的降雨会产生更快和更严重的冲刷现象，污染质量浓度和排放量均增加，所以污染负荷明显增加。不同重现期下两个排口处的污染负荷见表 4-2，随着重现期的增大，SS 和 COD 负荷呈现减少的趋势，并且 SS 负荷大于 COD 负荷。

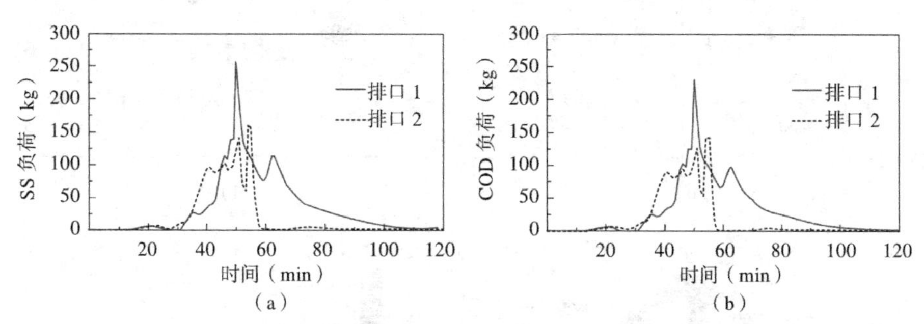

图 4-2　历史情景下 50 年重现期的排口污染负荷过程图

(a) SS 负荷；(b) COD 负荷

4.1.3　传统策略对内涝的调控效果

目前，城市洪涝灾害风险评价方法包括历史灾情法、指标体系法以及情景模拟法。历史灾情法基于长序列的历史灾情进行数理统计，评估方法简单，适用于流域尺度或者行政区划单元较大的空间尺度。但是如果样本数据少，就会造成评估结果的偏差[163]。并且，历史灾情法的评价结果反映的是区域整体风险，不能体现城市洪涝风险的空间差异性。指标体系法以灾害的构成要素为基础选择指标因素，建立评价体系，可宏观反映灾害风险等级，适用于城市及以上尺度的分析[164]。但是，受限于评价指标的选取、指标权重的分配、适用的研究区域等问题，指标体系法得到的内涝风险评估结果具有很大的不确定性。历史灾情法、指标体系法以历史降雨条件为基础[51]，均不能评估未来气候变化影响下的内涝风险，并且也无法得到内涝风险的空间分布特征。而情景模拟法借助数值模拟模型，可以用未来的降雨数据驱动模型，定量模拟不同降雨情景下不同时间段的内涝影响范围、程度等特征，并能给出内涝灾害风险的空间分布特征[165]。本书采用情景模拟法模拟城市内涝，评估城市内涝灾害风险。

当地表积水为 0.05m 以上时认为研究区域发生了内涝现象，内涝空间分布见图 4-3。研究区域内发生内涝风险的位置主要集中在区域中部及西部地区。这是因为

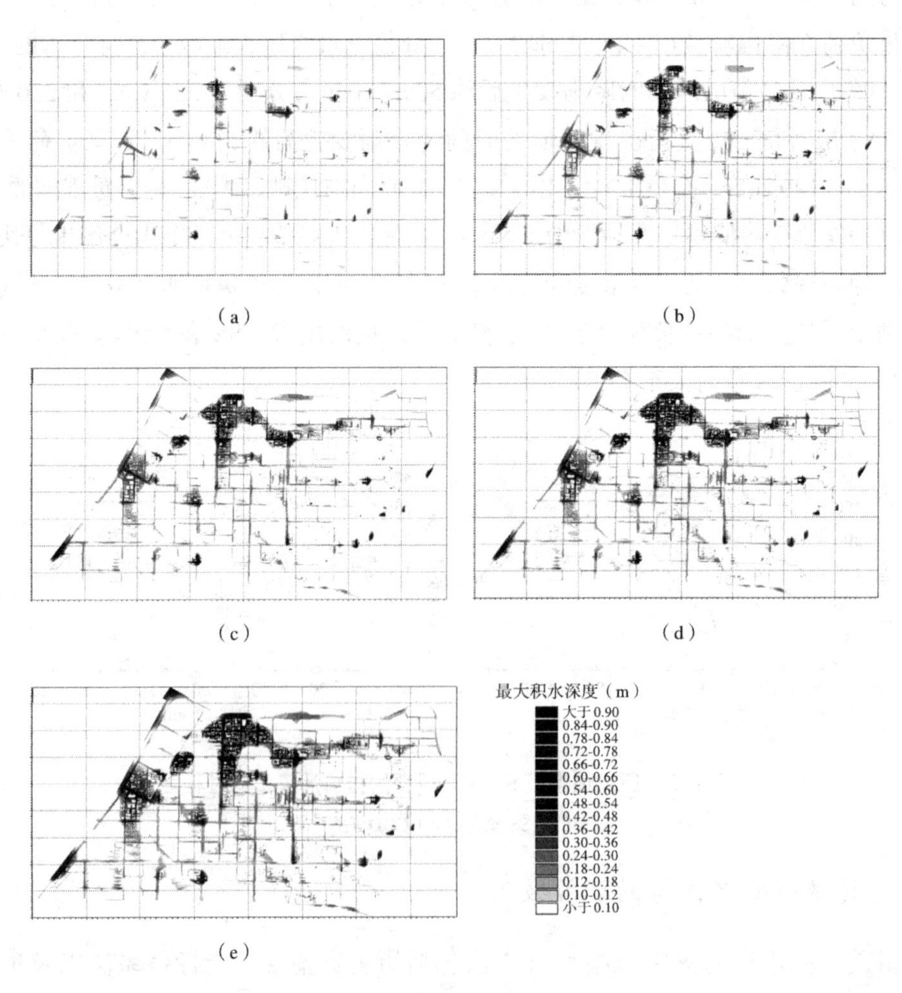

图 4-3　历史情景下内涝空间分布

（a）2 年重现期；（b）5 年重现期；（c）10 年重现期；（d）20 年重现期；（e）50 年重现期

研究区域地势东部高、西部低，水流易于在低洼处聚集，加之部分雨水管网容量不足，积水不易被排出，导致内涝积水历时和范围都比较大[166]。在 2 年重现期下，管道排水能力较强，地表径流和管道水流能够及时被排出，易涝点的数量及最大积水深度均较小，并且地表产生积水的时间较晚、积水时长较短。随着重现期的增大，管道排水能力逐渐减弱，导致易涝点数量、最大积水深度逐渐增加，并且地表产生积水的时间提前、积水时长增加。内涝积水过程与降雨过程呈正相关关系，即降雨前期最大积水深度迅速增加，在降雨峰值时达到积水深度的峰值，随着降雨量增加幅度降低或降雨量减少时，雨水管网恢复了排水能力，会出现退水过程。

从内涝网格数和内涝面积（表 4-3）可以看出，随着重现期的增大，研究区域的内涝网格数和内涝面积呈现显著的增长趋势，重现期为 2 ~ 50 年时，内涝网格数由 98382 个增加至 302173 个，内涝面积由 1.57km^2 增加至 4.83km^2。结合不同用地类型来看，道路作为地表径流的主要通道，其集水面积小，且高程低于周边地面，积水深度明显大于其他用地类型，最容易发生内涝。随着重现期增加，地表径流逐渐漫流至绿地、建筑等区域，这些区域也发生了内涝现象[167]。

传统策略的内涝网格数和内涝面积 表 4-3

重现期（年）	2	5	10	20	50
内涝网格数（个）	98382	171786	214921	254479	302173
内涝面积（km^2）	1.57	2.75	3.44	4.07	4.83

4.2 未来情景下降雨径流及内涝积水特征分析

4.2.1 气候变化降雨情景设计

由于构建的城市雨洪及面源污染 1D-2D MIKE 模型不能直接输入日累计降雨量数据，而需要输入降雨的时程分布，即降雨量随时间变化的整个过程，所以需要推求未来设计雨型。在第 4.1.1 节得到的历史降雨时程分布的基础上，推求未来情景下小寨区域的设计雨型。需假设未来降雨过程时程分型与历史降雨时程分型一致，仅降雨量级发生变化，并且假设降雨在时间和空间上具有一致性。推求降雨情景的主要步骤包括：①推求降雨累计分布函数（CDF）；②计算未来情景下降雨量的变化率；③推求未来设计雨型。

步骤①：推求降雨累计分布函数（CDF）。根据历史与未来降雨量数据，拟合广义帕累托分布、伽马分布、疲劳寿命分布等分布函数，并选出拟合误差最小的分布。选择均方误差（*MSE*）[式（4-2）]、赤池信息量准则（*AIC*）[式（4-3）] 和均方根误差（*RMSE*）[式（4-4）] 检验拟合精度。其中，均方误差与均方根误差衡量了观测值与真实值之间的偏差，其值越小，预测值与真实值的误差越小；赤池信息量准则利用数据趋势估计预测模型，衡量了所估计模型拟合数据的优良性，其值的大小取决于参数 k 和 L[168]。通过均方误差检验、赤池信息量准则检验、均方根误差检验等评价拟合精度，得到历史与未来降雨量服从疲劳寿命分布的结果。在此基础上，采用累计分布函数描述历史及未来降雨量的概率分布。如图 4-4 ~ 图 4-6 所示，CDF 曲线唯一，且呈单调递减趋势，即降雨频率越大，降雨量越小，说明降雨量大的降雨发生频率较小，反之降雨量小的降雨发生频率较大。同时图 4-4 ~ 图 4-6 表明在 SSP1-2.6、SSP2-4.5 和 SSP5-8.5 三种情景下的未来降雨量均大于历史降雨量。

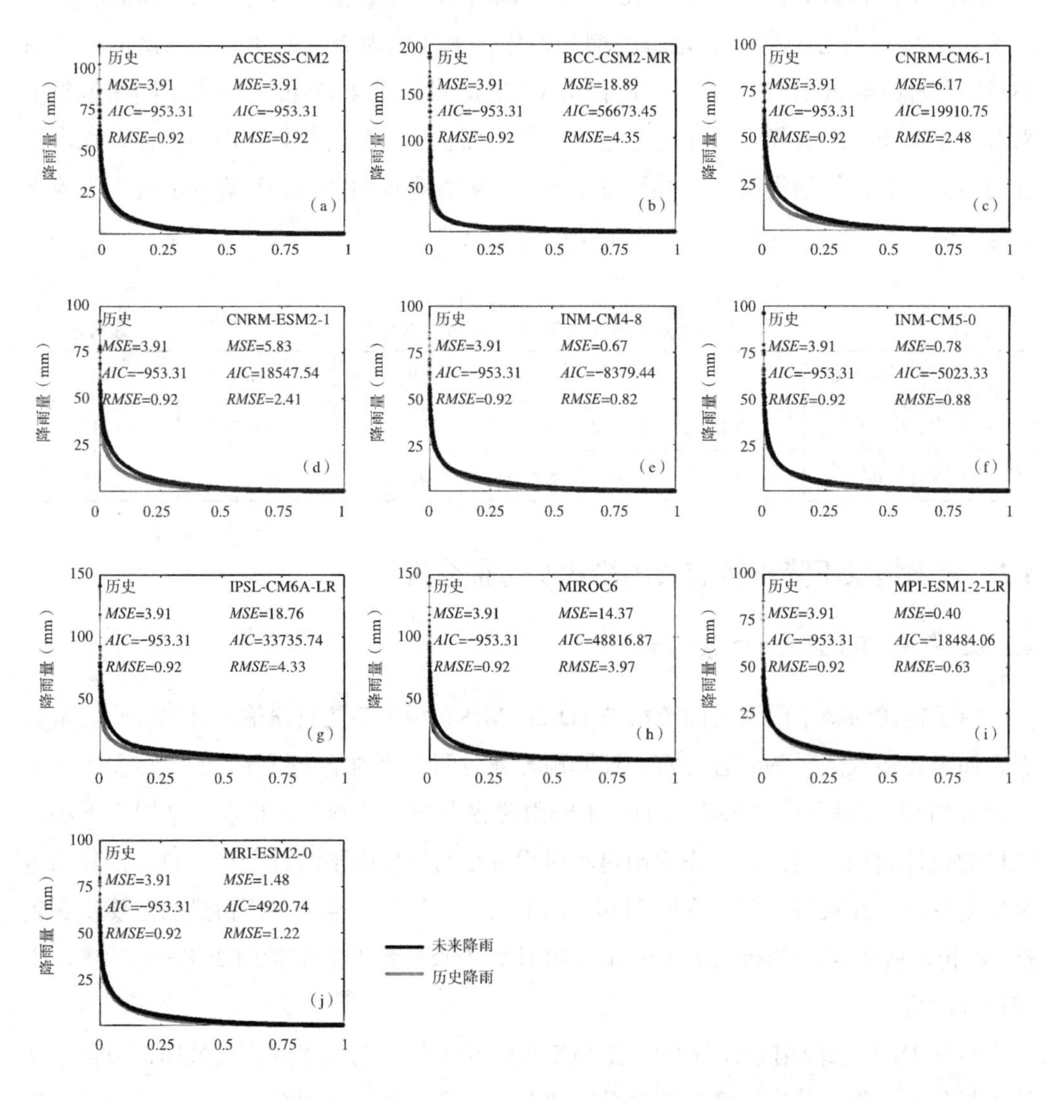

图 4-4 SSP1-2.6 情景下 2h 设计降雨量 CDF 曲线

注：图中横坐标表示频率，频率与重现期呈反比，即频率 =1/ 重现期。

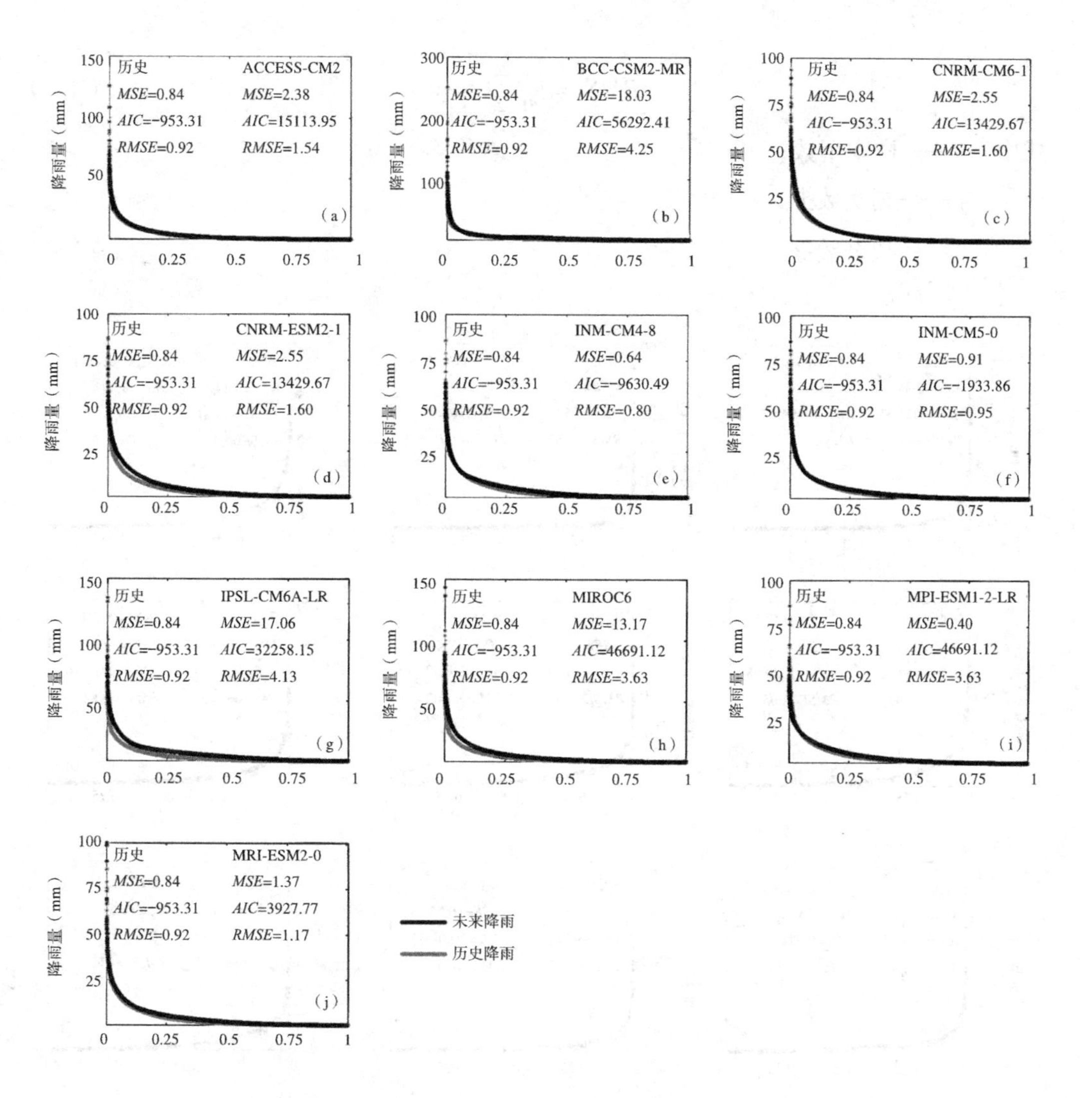

图 4-5　SSP2-4.5 情景下 2h 设计降雨量 CDF 曲线

注：图中横坐标表示频率，频率与重现期呈反比，即频率 =1/ 重现期。

$$MSE=\frac{1}{n}\sum_{i=1}^{n}(\hat{y}_i-y_i)^2 \tag{4-2}$$

式中　n——样本个数；

y_i——真实数据；

$\hat{y}_i$——拟合数据。

$$AIC=\frac{(2k-2L)}{n} \tag{4-3}$$

式中　k——所拟合模型中参数的数量，k 值越小模型越简洁，AIC 值越小；

L——对数似然值，L 值越大，模型越精确，AIC 值越小；

n——观测值数量。

$$RMSE=\sqrt{\frac{1}{n}\sum_{i=1}^{n}(\hat{y}_i-y_i)^2} \tag{4-4}$$

式中　n——样本个数；

y_i——真实数据；

$\hat{y}_i$——拟合数据。

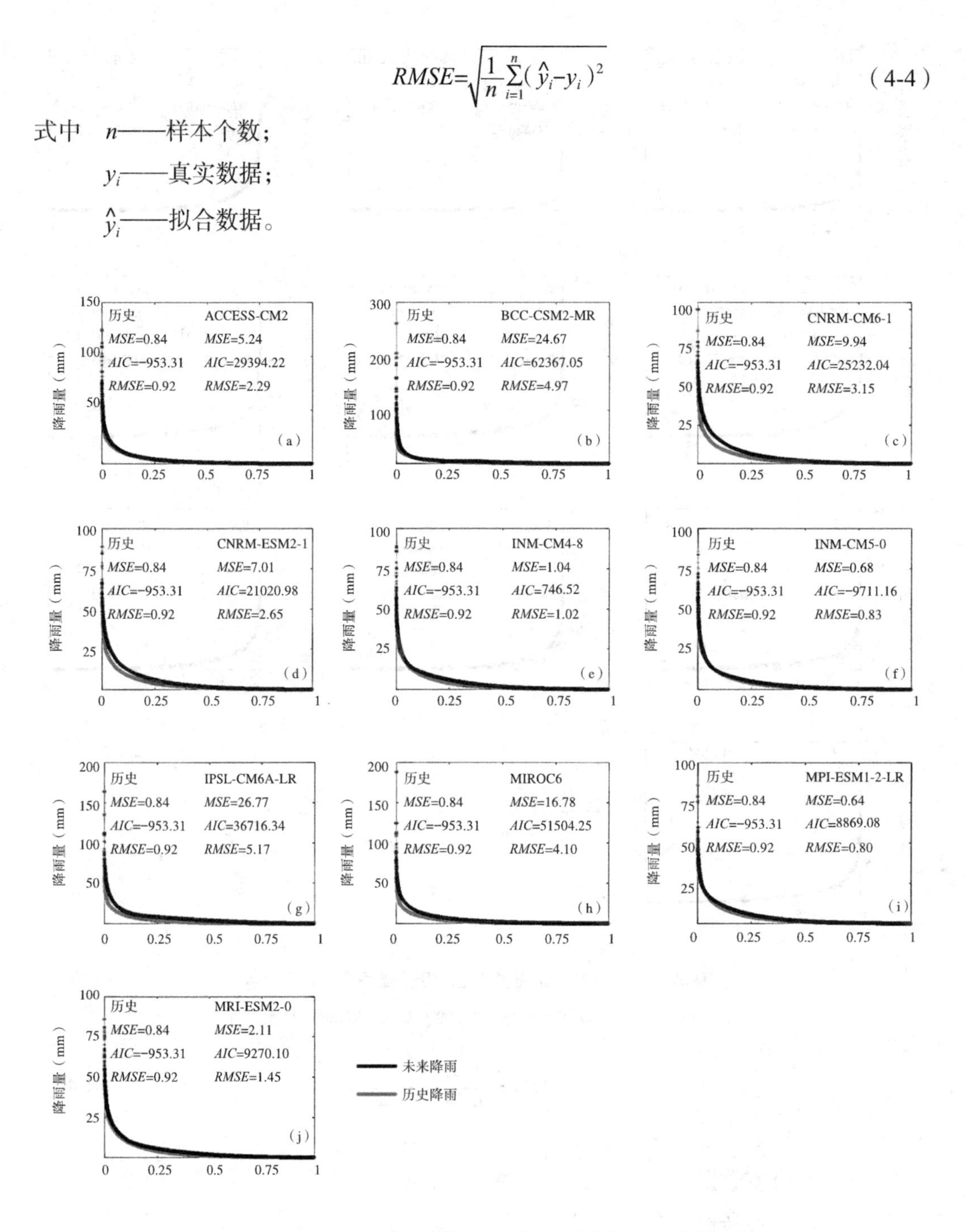

图 4-6　SSP5-8.5 情景下 2h 设计降雨量 CDF 曲线

注：图中横坐标表示频率，频率与重现期呈反比，即频率 =1/ 重现期。

步骤②：计算未来情景下降雨量的变化率。根据步骤①得到的 CDF 曲线，计算重现期为 2 年、5 年、10 年、20 年和 50 年的降雨量，进而推求相比于历史降雨量，未来三种气候变化情景下，十种模式的降雨量变化率，见图 4-7。十种模式中，IPSL-CM6A-LR

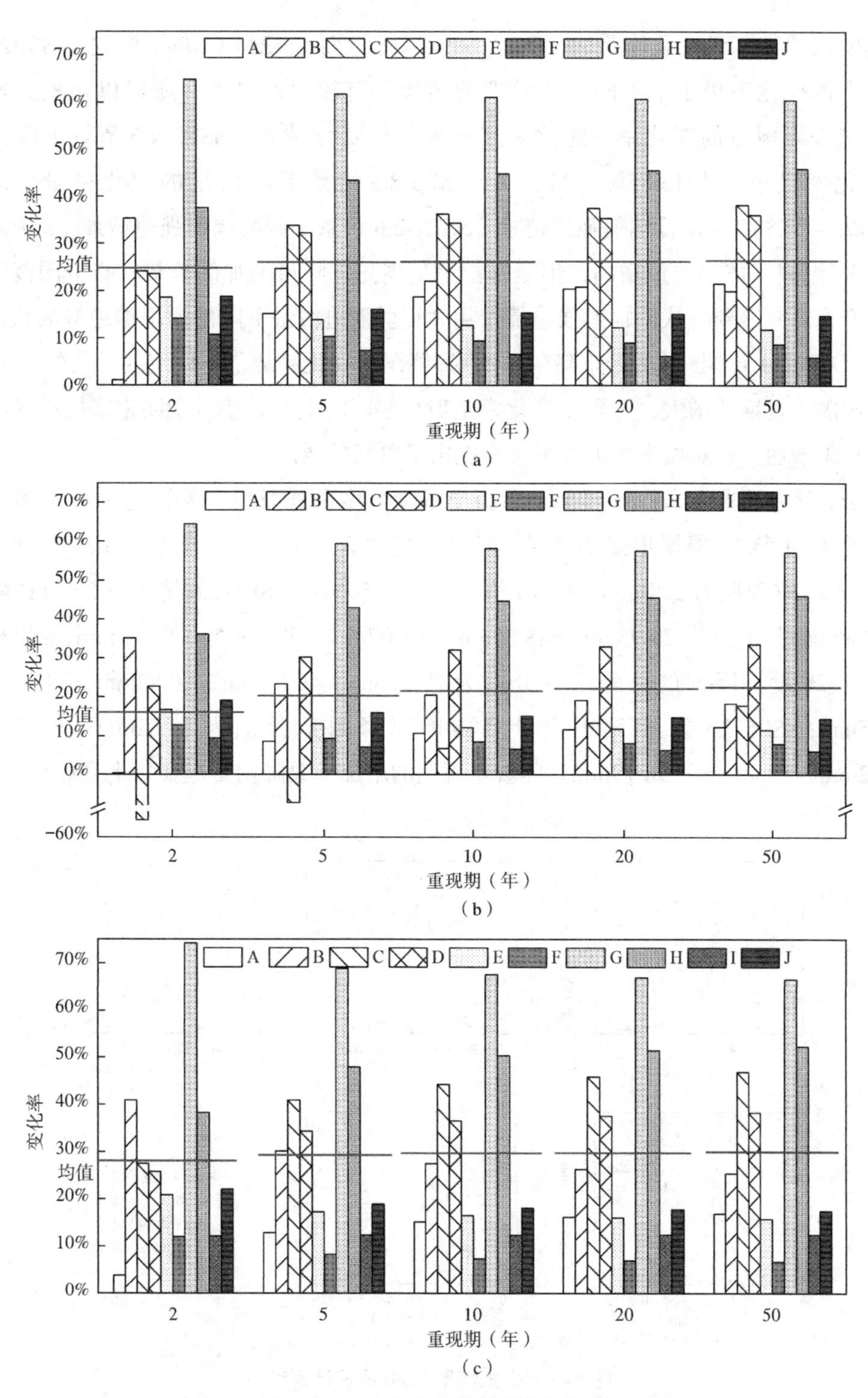

图 4-7　十种模式的降雨量变化率

（a）SSP1-2.6 情景；（b）SSP2-4.5 情景；（c）SSP5-8.5 情景

注：A ~ J 分别代表：ACCESS-CM2、BCC-CSM2-MR、CNRM-CM6-1、CNRM-ESM2-1、INM-CM4-8、INM-CM5-0、IPSL-CM6A-LR、MIROC6、MPI-ESM1-2-LR、MRI-ESM2-0。

模式模拟的降雨量变化率最大，高达60%以上，而CNRM-CM6-1模式在SSP2-4.5情景下的变化率最小，不同模式模拟的结果具有较大差异性，所以以多模式均值表示未来降雨量的变化率。对比未来三种气候变化情景，SSP2-4.5情景下降雨量的变化率最小，为15.85%～22.53%，SSP5-8.5情景下降雨量的变化率最大，为27.74%～29.85%。从低辐射强迫情景（SSP1-2.6情景）到高辐射强迫情景（SSP5-8.5情景），温室气体排放量增加，但是降雨量呈现先下降再增加的趋势，与全国范围内气候变化研究得到的从低辐射强迫情景到高辐射强迫情景下降雨量增加趋势的结论相悖[121]，证明对于小区域的未来降雨量预测，降雨量变化趋势是不确定的。此外，图4-7显示出随重现期的增大，降雨量变化率呈现小幅度的上升趋势，说明未来极端降雨量将会显著增加，这对城市雨洪管理策略提出了更高的要求。

步骤③：推求未来设计雨型。以历史暴雨强度公式及设计暴雨芝加哥雨型为基准（见4.1.1节），根据步骤②得到的降雨量变化率，推求未来情景下2h的设计雨型（图4-8）。重现期为2年、5年、10年、20年、50年，SSP1-2.6情景下2h设计降雨的总降雨量分别为29.95mm、48.85mm、63.07mm、77.26mm、96.04mm；SSP2-4.5情景下2h设计降雨的总降雨量分别为27.77mm、46.67mm、60.82mm、74.75mm、93.15mm；SSP5-8.5情景下2h设计降雨的总降雨量分别为30.62mm、50.13mm、64.82mm、79.40mm、98.78mm。随着重现期的增加，总降雨量呈显著上升趋势。

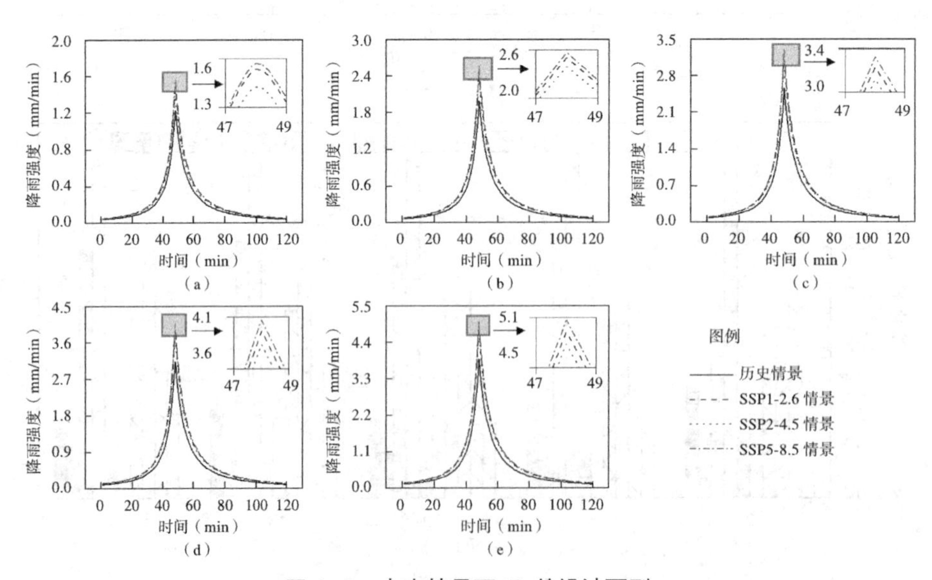

图4-8　未来情景下2h的设计雨型

（a）2年重现期；（b）5年重现期；（c）10年重现期；（d）20年重现期；（e）50年重现期

4.2.2　传统策略对降雨径流水量及水质的调控效果

为了反映气候变化对城市降雨径流过程的影响，计算了研究区域的地表径流量、溢流量、超负荷管段长度以及出口排放流量增加百分比，见表 4-4。结果表明，与历史情景（历史水量结果见表 4-1）相比，未来的气候变化导致研究区域降雨强度呈上升趋势，使城市集水区产生更多的地表径流量，SSP1-2.6、SSP2-4.5、SSP5-8.5 三种情景下分别比历史情景增加 12.35% ~ 18.76%、10.70% ~ 12.25%、13.87% ~ 20.70%。气候变化引起的低重现期地表径流量的变异性相对较大[33]。由于 SSP5-8.5 情景下降雨强度增加的百分比最高（图 4-7 中为 27.74% ~ 29.85% 的变化率），这种持续时间较短的频繁强降雨使得其地表径流量变化大于 SSP1-2.6 情景与 SSP2-4.5 情景，水文性能出现更剧烈的波动。此外，随着重现期的增大，地表径流量增加百分比逐渐减小，SSP2-4.5 情景 50 年重现期下的值最小，为 10.70%。

气候变化情景下传统策略的水量变化　　表 4-4

情景	增加百分比	重现期（年）				
		2	5	10	20	50
SSP1-2.6	地表径流量（%）	18.76	14.78	13.60	12.90	12.35
	超负荷管段长度（%）	5.85	1.58	0.65	0	0
	溢流量（%）	42.38	38.36	32.66	31.07	28.11
	出口排放流量（%）	18.86	21.42	25.86	23.25	16.37
SSP2-4.5	地表径流量（%）	12.25	11.82	11.37	11.01	10.70
	超负荷管段长度（%）	4.14	1.58	0.65	0.94	0
	溢流量（%）	29.52	28.55	25.86	26.97	24.61
	出口排放流量（%）	16.57	18.45	21.64	19.74	17.89
SSP5-8.5	地表径流量（%）	20.70	16.43	15.21	14.46	13.87
	超负荷管段长度（%）	5.85	1.58	1.11	0	0
	溢流量（%）	46.60	40.34	36.60	36.40	31.43
	出口排放流量（%）	19.68	26.26	28.85	26.02	19.57

从超负荷管段长度增加百分比可以看出，与历史情景相比，未来气候变化情景条件下，超负荷管段长度在低重现期（2 年和 5 年）下表现出显著的增加趋势，为 0 ~ 5.85%，在高重现期（20 年和 50 年）下的增加百分比较小，这与管道排水能力较弱和管道受到下游顶托作用影响有关。在未来气候变化影响下，三种情景的降雨强度增加，导致未来节点溢流数量增加，溢流量增加了 24.61% ~ 46.60%。当重现期较小时，无溢流的持续时间较长，例如 SSP2-8.5 情景 2 年重现期下的持续时间为 29min；溢流量较小，例如 SSP2-4.5 情景 2 年重现期的溢流量为 383065.26m^3。当重现期较大时，无溢流的持续时间较短，例如 SSP2-8.5 情景 50 年重现期下的持续时间为 15min；溢流量较大，例如 SSP2-8.5 情景 50 年重现期下的溢流量为 1616239.02m^3。2 年重现期溢流量增加百分比大于 50 年重现期的溢流量增加百分比，原因是大部分管道在

2 年重现期内没有达到排水能力的最大值[169]。随着未来降雨强度的增加，地表径流量的增加导致出口排放流量不断增加，SSP5-8.5 情景的出口排放流量增加百分比为 19.57% ~ 28.85%，SSP2-4.5 情景的出口排放流量增加百分比为 16.57% ~ 21.64%。随着重现期增大，历史与未来情景下出口排放流量均表现出线性增加趋势（R^2=0.99），表明较大重现期下降雨事件的出口排放流量对于降雨强度的变化更敏感。

由图 4-9 可知，与历史情景相同，未来气候变化条件下 SS 和 COD 负荷随时间变化的趋势一致，这种趋势与降雨量随时间的变化有关。排口 1 和排口 2 的 SS 和 COD 负荷峰值的出现时间与历史峰值的出现时间相差不多，证明未来气候变化条件下降

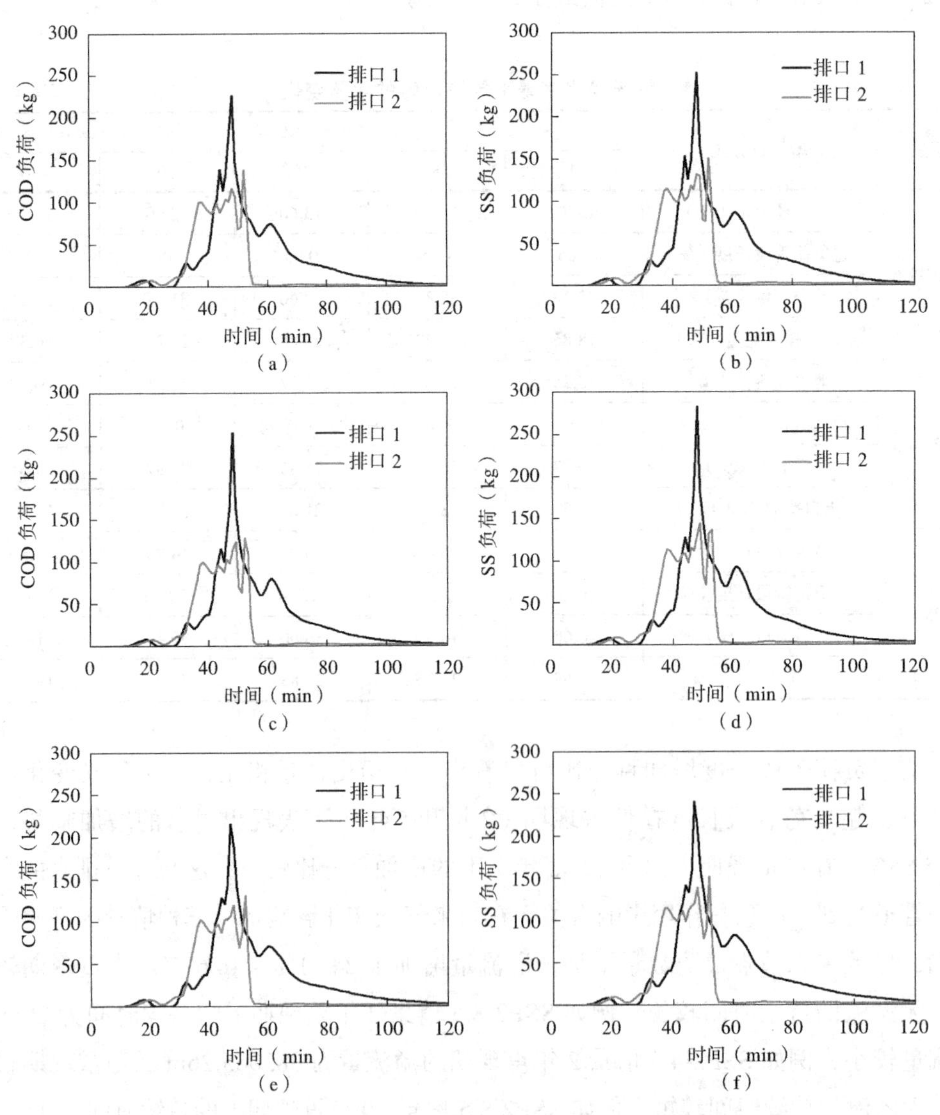

图 4-9 未来情景 50 年重现期的排口污染负荷过程图

（a）SSP1-2.6 情景下排口 COD 负荷；（b）SSP1-2.6 情景下排口 SS 负荷；（c）SSP2-4.5 情景下排口 COD 负荷；（d）SSP2-4.5 情景下排口 SS 负荷；（e）SSP5-8.5 情景下排口 COD 负荷；（f）SSP5-8.5 情景下排口 SS 负荷

雨强度增加，未对排口处污染负荷峰值出现时间造成明显影响。随着重现期的增大，SS 和 COD 负荷峰值大致呈波动性增加的趋势，仍与历史情况的规律相同。未来气候变化条件下，SSP2-4.5 情景下排口 SS 和 COD 负荷的峰值最大，SSP5-8.5 情景下排口 SS 和 COD 负荷的峰值最小。

4.2.3　传统策略对内涝的调控效果

根据《城市防洪应急预案编制导则》SL 754—2017[170]，考虑积水深度和积水时间划分内涝风险等级，研究区域内涝风险等级及空间分布见表 4-5 以及图 4-10。历史与未来情景下研究区域内积水深度较小，积水时长较长，所以无内涝低风险区域。未来情景下的内涝风险面积为 0.46 ~ 2.80km^2，大于历史情景下的风险面积（0.35 ~ 1.74km^2），说明气候变化引起的未来降雨强度增加将显著影响研究区域的内涝风险面积。不同未来情景下的内涝风险面积由小到大依次为 SSP2-4.5 情景、SSP1-2.6 情景、SSP5-8.5 情景。相比历史情景，SSP5-8.5 情景下的内涝风险面积将增加 0.2 ~ 1.35km^2，而 SSP2-4.5 情景下内涝风险面积增加最少，这与 SSP2-4.5 情景下未来 2h 设计降雨量变化率最小有关。未来 5 年重现期下的内涝风险与历史 10 年重现期下的内涝风险相似，即内涝风险等级、内涝积水深度、内涝空间分布相似，未来 20 年重现期下的内涝风险与历史 50 年重现期下的内涝风险也同样相似，这证明未来气候变化情景加剧了研究区域的内涝风险。

研究区域内涝风险等级　　表 4-5

情景	风险等级	内涝风险面积（km^2）				
		2 年重现期	5 年重现期	10 年重现期	20 年重现期	50 年重现期
历史	中风险	0.19	0.44	0.61	0.74	0.42
	高风险	0.16	0.46	0.73	1.00	1.03
SSP1-2.6	中风险	0.26	0.60	0.76	0.86	0.97
	高风险	0.27	0.70	1.04	1.36	1.76
SSP2-4.5	中风险	0.23	0.57	0.74	0.85	0.96
	高风险	0.23	0.64	0.99	1.31	1.70
SSP5-8.5	中风险	0.27	0.61	0.77	0.88	0.98
	高风险	0.28	0.73	1.08	1.41	1.82

随着重现期的增大，未来研究区域的内涝中、高风险面积均有所增加。RARISA HOSSEINZADEHTALAEI 等 [59] 认为内涝风险面积将随重现期的增加而增加，本书的结果与之一致。除 50 年重现期以外，低重现期内涝风险的增长率大于高重现期，并且高风险的增长率大于中风险的增长率，例如未来三种情景下，2 年重现期的中风险增长率为 21.05% ~ 42.11%，高风险增长率为 43.75% ~ 75.00%；20 年重现期的中风险

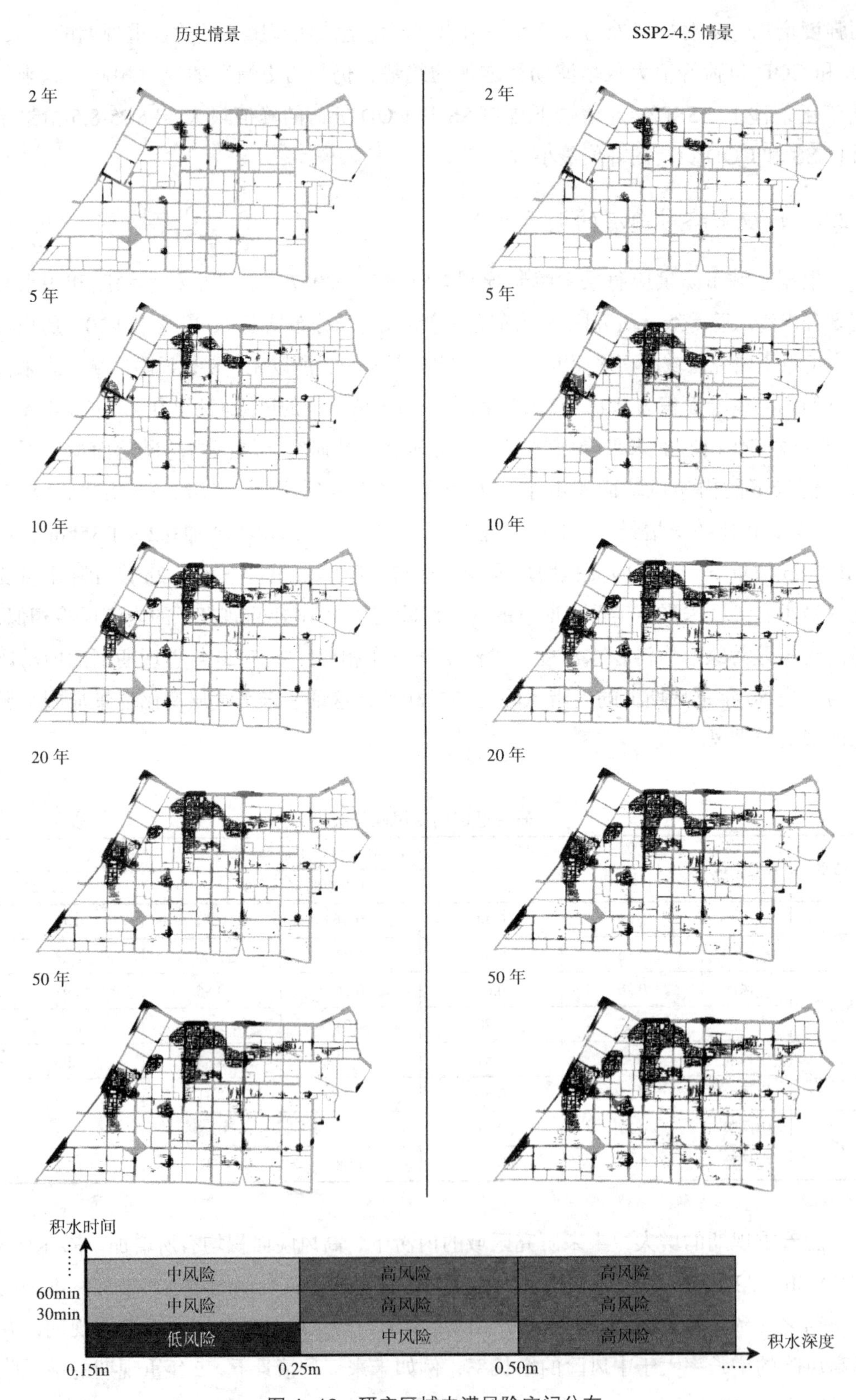

图 4-10　研究区域内涝风险空间分布

增长率为 14.86% ~ 18.92%，高风险增长率为 31.00% ~ 41.00%。内涝风险等级的变化需要同时满足积水深度和积水时间的变化，导致不同重现期的中、高风险增长率具有差异性。黄晓远等[171]结合地形因子、社会经济数据和耕地面积百分比构建暴雨灾害风险评估模型，评估了我国西南地区 SSP1-2.6 情景、SSP2-4.5 情景和 SSP5-8.5 情景下的内涝风险，结果表明 SSP2-4.5 情景下的中风险和高风险内涝面积最大。这一结果与本书不一致，本书得到 SSP5-8.5 情景下的中风险和高风险内涝面积最大，产生不一致的原因包括研究区域地理位置、降尺度方法、评估方法等的差异。从内涝风险等级的空间分布来看，在未来三种情景下，研究区域内发生内涝风险的位置具有一致性，并且与历史情景发生内涝风险的位置保持一致，主要集中在研究区域中部及西部地区。未来情景下，受研究区域地势和雨水管网容量不足的影响，内涝积水历时比历史情景长，内涝积水范围比历史情景大[172]。重现期的增大导致研究区域内涝中风险范围缩小，高风险范围扩大。并且，内涝积水将从地势较低和排水能力有限的地区向几乎整个研究区域蔓延[60]。

城市排水基础设施以历史事件的降雨量为设计标准，假设其水文变量是平稳的，未考虑未来气候变化引起的降雨量变化[173]。由气候变化引发降雨量的增加会使城市排水基础设施性能进一步降低、区域内涝风险等级进一步上升，甚至会影响人们的生命财产安全，所以考虑未来气候变化引起的降雨量变化设计城市排水基础设施，才能保障城市安全。

4.3　本章小结

本章采用芝加哥雨型和研究区域暴雨强度公式，设计了 5 种重现期的历史降雨情景，并且推求出了未来气候变化情景下的设计雨型，分别为 SSP1-2.6 情景、SSP2-4.5 情景以及 SSP5-8.5 情景下的降雨过程。以历史及未来的降雨数据驱动模型模拟，分析了不同重现期下传统策略的雨洪及面源污染特征，评估了研究区域历史及未来的内涝风险等级。主要结论如下：

（1）历史情景下，研究区域的地表径流量较大，随重现期的增大，地表径流量呈现增加趋势，使得进入管网中的雨水量加大，87.79% ~ 99.67% 的管段超负荷运行，进一步导致 50.00% ~ 88.52% 的节点发生了溢流，溢流量为 261302.34 ~ 1229768.78m^3。出口排放量随重现期的增大而单调递增，50 年重现期的出口排放量达 760723.80m^3。研究区域内排口的污染负荷严重，COD 负荷达 5785.30 ~ 6715.09kg，SS 负荷达 6605.01 ~ 7647.18kg。研究区域内发生内涝风险的位置主要集中在中部及西部地区，重现期为 2 ~ 50 年时，内涝面积由 1.57km^2 增加至 4.83km^2。

（2）气候变化影响下，未来降雨量的增加将显著影响城市水文及水质特征。与历史情景相比较，气候变化情景下研究区域的地表径流量增加了 10.70% ~ 20.70%，超负荷管段长度增加了 0 ~ 5.85%，溢流量增加了 24.61% ~ 46.60%，出口排放流量增加了 16.37% ~ 28.85%，并且其随着重现期的增大而增加。在气候变化影响下，未来 5 年重现期的内涝风险与历史 10 年重现期的内涝风险相似，即内涝风险等级、内涝积水深度、内涝空间分布相似，未来 20 年重现期的内涝风险与历史 50 年重现期的内涝风险也同样相似。随着重现期的增大，未来研究区域的内涝风险等级将上升，中、高风险区面积均有所增加，并且中风险区范围逐渐缩小，高风险区范围逐渐扩大。

第5章 基于多目标联动的灰绿雨水设施优化配置研究

灰绿雨水设施的配置不仅取决于设施的种类，而且受到设施规模以及位置的影响，不同的设施种类以及规模的组合会显著影响灰绿雨水设施的效果。并且，灰绿雨水设施配置不仅要考虑设施产生的效益，而且要考虑其施工和维护成本。因此，灰绿雨水设施配置也是一个以设施的种类和规模为优化变量，以效益和成本为目标的多目标优化问题。基于此，本章首先设计灰绿雨水设施种类以及代表性配置方案，构建灰绿雨水设施配置规模（输入）与其效果（输出）之间的关系模型；其次，建立基于多目标联动的灰绿雨水设施优化配置决策模型，获得最佳的灰绿雨水设施配置规模；最后，对不同降雨情景及灰绿雨水设施配置规模下的城市雨洪及面源污染控制效果、雨水系统弹性进行分析。

5.1 灰绿雨水设施方案设计及效果关系模型

5.1.1 灰绿雨水设施方案设计

在因地制宜、灰色与绿色基础设施相结合、绿色基础设施优先的原则下，选择配置情景。在常规降雨条件下，绿色基础设施可以有效净化初期降雨、削减雨水径流污染、减少地表径流和控制径流总量；在暴雨和极端降雨条件下，需要与灰色基础设施相互配合。根据绿色基础设施的功能、控制指标、经济指标、处置方式和景观效果，整理出9种绿色基础设施的特征[148, 174]，见表5-1。设施各有利弊，需要结合研究区域的场地条件和控制目标综合考虑。经验表明，雨水花园适用于城市公共建筑、住宅区、商业区、停车场和道路等多种场景，透水铺装适宜配置在人口密集的区域，绿色屋顶适宜配置在商业区[25]。这三种设施均有较强的控制径流总量及水质净化能力，因此本书选择的绿色基础设施为雨水花园、透水铺装和绿色屋顶。

绿色基础设施的特征 表 5-1

绿色基础设施	功能			控制指标			经济指标		处置方式	景观效果
	雨水集蓄利用	补充地下水	雨水传输	径流总量	径流峰值	水质净化	建造费用	维护费用		
绿色屋顶	★	★	★	★★★	★★	★★	高	中	√	一般
雨水桶 / 罐	★★★	★	★★	★★★	★★	★★	低	低	√	—
雨水花园	★	★★★	★	★★★	★★	★★	低	低	√	一般
生物滞留池	★	★★★	★	★★	★★	★★★	中	低	√	一般
下沉式绿地	★	★★★	★	★★★	★★	★★	高	中	√	好
植草沟	★	★★	★★★	★★★	★	★★	中	低	√	好
透水铺装	★	★★★	★	★★★	★★	★★	低	低	√	—
雨水湿地	★★★	★	★	★★★	★★★	★★★	高	中	√ / ×	好
渗井	★	★★★	★	★★★	★★	★★	低	低	√ / ×	—

注：★★★表示强，★★表示较强，★表示弱。处置方式中√表示分散，× 表示相对集中。

确定绿色基础设施的配置，首先需要采用城市雨洪及面源污染 1D-2D MIKE 模型，模拟大重现期（50 年）下传统策略的降雨径流效果；然后根据内涝及面源污染严重的节点分布位置，以及《西安市小寨区域海绵城市详细规划》[108] 中得到的绿色基础设施适宜建设区域，布设绿色基础设施。如图 5-1 所示，共选择了 183 处内涝及面源污染严重地点配置绿色基础设施。三种绿色基础设施平均分布在所选的子汇水区中，

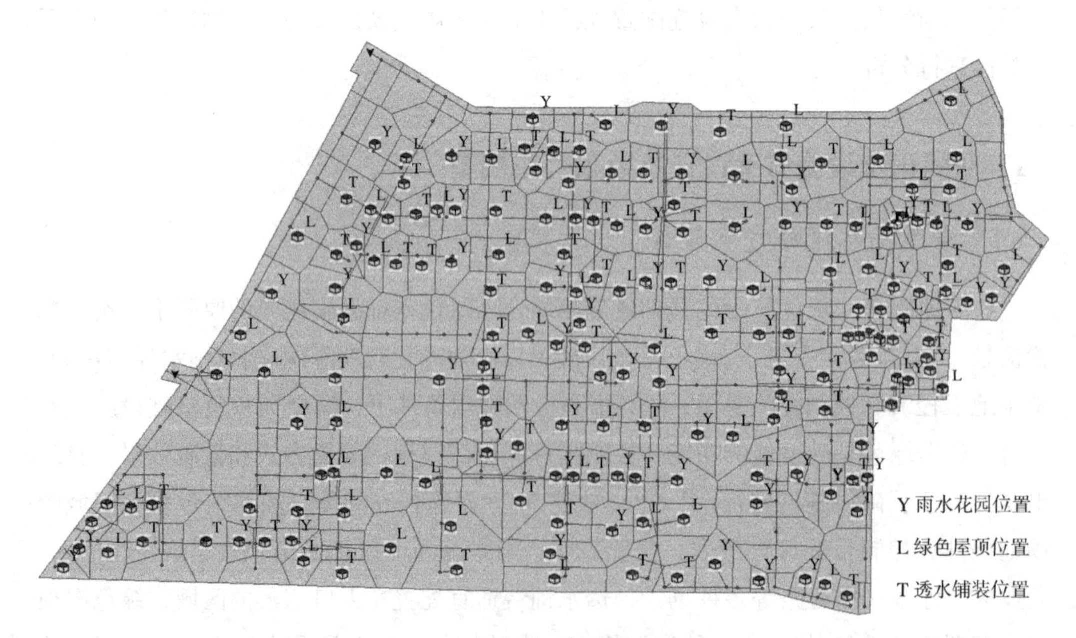

图 5-1 绿色基础设施布设位置

每个子汇水区只布设一种绿色基础设施，雨水花园、绿色屋顶和透水铺装均布设 61 个。绿色基础设施的配置总面积按照其占相应子汇水区面积比例的 0、3%（三种设施共 442517.02m^2）、6%（三种设施共 885034.03m^2）、9%（三种设施共 1327551.05m^2）、12%（三种设施共 1770068.07m^2）确定。MIKE URBAN 采用基于管网的 Soakaway 形式表示 LID。Soakaway 所需参数包括初始水位相对标高、填料的平均孔隙度、渗透速率、饱和导水率等，见表 5-2。

Soakaway 主要参数　　表 5-2

类型	渗透形式	渗透速率（m/s）	填料的平均孔隙度	初始水位相对标高（m）	饱和导水率（m/s）
雨水花园	常量下渗	0.0000278	0.6	0	—
绿色屋顶	动态下渗	—	0.4	0	0.00001
透水铺装	无下渗	—	0.17	0	—

因调蓄池具有削减洪峰流量、缓解排水管网压力的作用，选择灰色基础设施为调蓄池。确定灰色基础设施的配置，首先需采用城市雨洪及面源污染 1D-2D MIKE 模型，模拟大重现期（50 年）下传统策略的内涝积水空间分布情况；然后根据最大积水深度的分布位置，以及《西安市小寨区域海绵城市详细规划》[108] 中得到的调蓄池的适宜建设区域，在附近的管网节点处布设灰色基础设施，如图 5-2 所示，共选择了 22 处位置配置调蓄池；最后按照节点处的最大调蓄量（310 ~ 94900m^3），设计灰色基础设施的调蓄量为各节点最大调蓄量的 0、25%（77.5 ~ 23725m^3）、50%

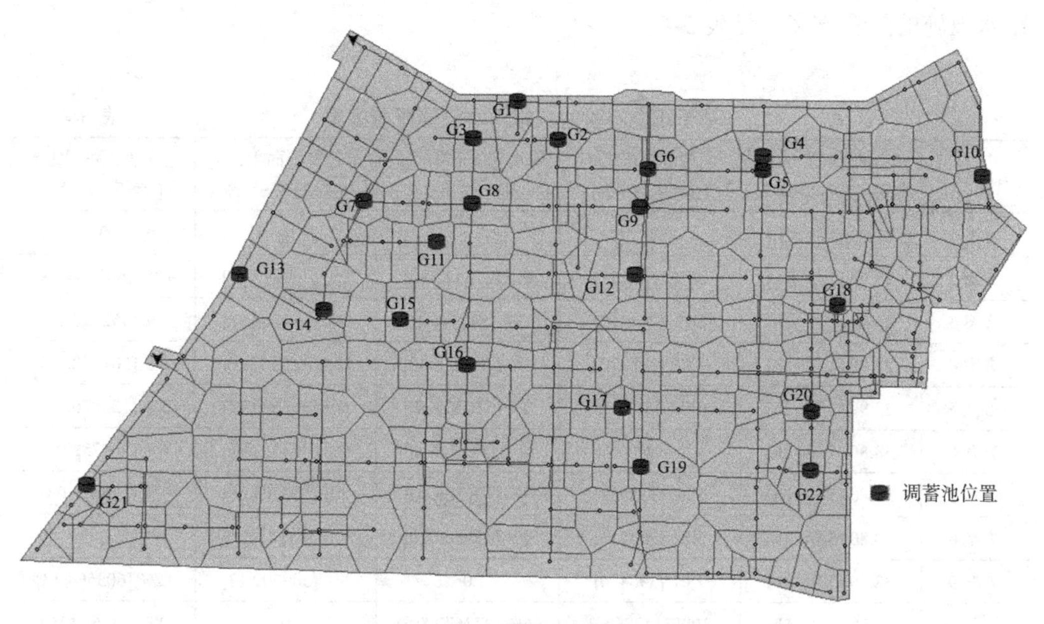

图 5-2　灰色基础设施布设位置

（155 ~ 47450m³）、75%（232.5 ~ 71175m³）、100%（310 ~ 94900m³），灰色基础设施的最大调蓄量见表 5-3。

灰色基础设施的最大调蓄量　　表 5-3

编号	最大调蓄量（m³）	编号	最大调蓄量（m³）	编号	最大调蓄量（m³）	编号	最大调蓄量（m³）
G1	4000	G7	30000	G13	3964	G19	1780
G2	10000	G8	1000	G14	4512	G20	40000
G3	40000	G9	20000	G15	80000	G21	50000
G4	350	G10	26000	G16	12000	G22	30000
G5	20000	G11	19250	G17	560		
G6	94900	G12	310	G18	40000		

5.1.2　灰绿雨水设施效果关系模型

由于模型结构的限制（如 MIKE 模型是非开源模型），不能直接与多目标优化算法耦合，因此无法获得灰绿雨水设施优化配置的全局最优解。一种有效的方法是通过不断改变设施配置规模来寻找最优配置方案。因模拟所有配置方案（全实验）的时间成本较高，所以采用正交实验，选择部分代表性灰色基础设施和绿色基础设施的组合进行模拟。正交实验的因子包括调蓄池、雨水花园、绿色屋顶和透水铺装的配置比例，考虑到要找出能应对多种降雨情景的灰绿雨水设施配置方案，也将降雨量列为因子之一，由此得到 5 因子 5 水平的正交实验。由于无 5 因子 5 水平的正交表，所以可使用与之相近的 6 因子 5 水平正交表 L_{25}（5^6），并删除因子 6，得到基于正交实验的灰绿雨水设施的配置方案，见表 5-4。

基于正交实验的灰绿雨水设施配置方案　　表 5-4

方案编号	降雨量 x_5（mm）[重现期 - 历时]	调蓄池体积比 x_1 [体积（m³）]	雨水花园面积比 x_2 [面积（m²）]	绿色屋顶面积比 x_3 [面积（m²）]	透水铺装面积比 x_4 [面积（m²）]
方案 1	23.99 [2 年 -2h]	0	0	0	0
方案 2	23.99 [2 年 -2h]	25% [132157]	6% [273672.80]	9% [464413.75]	12% [603504.13]
方案 3	23.99 [2 年 -2h]	50% [264313]	12% [547345.60]	3% [154804.58]	9% [452628.10]
方案 4	23.99 [2 年 -2h]	75% [396470]	3% [136836.40]	12% [619218.33]	6% [301752.07]
方案 5	23.99 [2 年 -2h]	100% [528626]	9% [410509.20]	6% [309609.17]	3% [150876.03]
方案 6	38.80 [5 年 -2h]	0	12% [547345.60]	9% [464413.75]	6% [301752.07]
方案 7	38.80 [5 年 -2h]	25% [132157]	3% [136836.40]	3% [154804.58]	3% [150876.03]
方案 8	38.80 [5 年 -2h]	50% [264313]	9% [410509.20]	12% [619218.33]	0
方案 9	38.80 [5 年 -2h]	75% [396470]	0	6% [309609.17]	12% [603504.13]
方案 10	38.80 [5 年 -2h]	100% [528626]	6% [273672.80]	0	9% [452628.10]

续表

方案编号	降雨量 x_5（mm）[重现期 - 历时]	调蓄池体积比 x_1 [体积（m^3）]	雨水花园面积比 x_2 [面积（m^2）]	绿色屋顶面积比 x_3 [面积（m^2）]	透水铺装面积比 x_4 [面积（m^2）]
方案 11	50.01 [10 年 -2h]	0	9% [410509.20]	3% [154804.58]	12% [603504.13]
方案 12	50.01 [10 年 -2h]	25% [132157]	0	12% [619218.33]	9% [452628.10]
方案 13	50.01 [10 年 -2h]	50% [264313]	6% [273672.80]	6% [309609.17]	6% [301752.07]
方案 14	50.01 [10 年 -2h]	75% [396470]	12% [547345.60]	0	3% [150876.03]
方案 15	50.01 [10 年 -2h]	100% [528626]	3% [136836.40]	9% [464413.75]	0
方案 16	61.22 [20 年 -2h]	0	6% [273672.80]	12% [619218.33]	3% [150876.03]
方案 17	61.22 [20 年 -2h]	25% [132157]	12% [547345.60]	6% [309609.17]	0
方案 18	61.22 [20 年 -2h]	50% [264313]	3% [136836.40]	0	12% [603504.13]
方案 19	61.22 [20 年 -2h]	75% [396470]	9% [410509.20]	9% [464413.75]	9% [452628.10]
方案 20	61.22 [20 年 -2h]	100% [528626]	0	3% [154804.58]	6% [301752.07]
方案 21	76.04 [50 年 -2h]	0	3% [136836.40]	6% [309609.17]	9% [452628.10]
方案 22	76.04 [50 年 -2h]	25% [132157]	9% [410509.20]	0	6% [301752.07]
方案 23	76.04 [50 年 -2h]	50% [264313]	0	9% [464413.75]	3% [150876.03]
方案 24	76.04 [50 年 -2h]	75% [396470]	6% [273672.80]	3% [154804.58]	0
方案 25	76.04 [50 年 -2h]	100% [528626]	12% [547345.60]	12% [619218.33]	12% [603504.13]

采用城市雨洪及面源污染 1D-2D MIKE 模型模拟代表性配置方案，以获得相应方案下的内涝和面源污染特征。在此基础上，建立灰绿雨水设施配置规模（输入）与其效果（输出）之间的关系模型，以减少多目标优化决策模型的运行时间，取代城市雨洪及面源污染 1D-2D MIKE 模型。在货币化之前，建立城市雨洪及面源污染 1D-2D MIKE 模型模拟得到的效果（即径流总量削减量、溢流削减量、SS 削减量、COD 削减量）与降雨量及灰绿雨水设施配置比例之间的多元回归关系，即灰绿雨水设施配置效果关系模型，如表 5-5 所示。

灰绿雨水设施配置效果关系模型　　表 5-5

回归方程形式	$f(x_i)=a+bx_5+cx_1+dx_2+ex_3+fx_4$					
回归方程系数	a	b	c	d	e	f
径流总量削减量（m^3）	−121524.1	9396.9198	2860.0408	−734598.7	1305579.8	1202470.5
溢流削减量（m^3）	−183590.1	11531.313	67364.931	681098.45	617687.6	717324.17
SS 削减量（kg）	2601.9308	−1.466065	850.7832	8868.8097	8995.1238	12035.004
COD 削减量（kg）	2342.1956	−1.991563	828.44981	7280.3676	9363.0448	9465.0808

灰绿雨水设施配置比例与径流总量削减量、溢流削减量、SS 削减量、COD 削减量之间呈线性相关。LUAN BO 等 [175] 证明，单个雨水管理措施的效果与其规模之间存在线性或非线性关系，例如，透水铺装和绿色屋顶的配置规模越大，性能越好。本

书中绿色屋顶和透水铺装的比例和效果之间的关系与LUAN BO等[175]的研究结果一致。此外，本书中的雨水花园比例和效益也呈线性相关。值得注意的是，本书中设施的配置规模与效果之间的关系模型是在特定区域的特定位置布置后获得的。设施的配置位置取决于内涝和面源污染的严重程度，以及适宜建设设施的区域面积，此类结果将因不同的区域属性（例如土地利用类型、坡度、积水位置等）、设施特征（类型、设计参数、配置规模等）、模型精度等而有所不同[176]。

5.2 灰绿雨水设施优化决策模型构建

5.2.1 数学模型

通过模型模拟不同的方案，对不同方案进行货币化计算后，以灰绿雨水设施的总效益最大、成本最低和水安全效益最大作为目标函数，以年径流总量控制率、SS削减率、单个设施配置体积/面积等为约束条件，构建灰绿雨水设施优化决策数学模型。采用非支配排序遗传算法（NSGA-Ⅱ）对多目标优化决策模型进行求解，得到不同目标导向的灰绿雨水设施优化配置方案。

（1）目标函数

海绵城市建设可以带来水生态、水环境、水安全、水经济和大气环境等多方面的效益，但是在工程建设时因项目的需求不同，往往倾向于不同的目标导向。并且，各效益目标之间存在协同和制约关系，往往不能同时得到满足，需要采用多目标优化手段进行解决。为了满足不同目标的要求，需要建立包含两个效益目标和一个成本目标的优化决策模型，其目标函数为：①从总效益最大出发，要求海绵城市建设产生的效益最大；②从海绵城市建设投入的成本出发，要求海绵城市灰绿雨水设施建设尽量避免较多的建设维护费用；③从安全效益最大出发，要求提升城市排涝及面源污染效果，减少内涝及面源污染对城市带来的负面影响。决策变量为调蓄池、雨水花园、绿色屋顶和透水铺装的配置比例，分别为x_1、x_2、x_3、x_4。具体的目标函数见式（5-1）：

$$
\begin{cases}
f_1 = \max\left[\sum_{i=1}^{9} w_i V_i f(x)\right] \\
f_2 = \min\left[\sum_{i=10}^{13} w_i M_i x A\right] \\
f_3 = \max\left[\sum_{i=4}^{6} w_i S_i f(x)\right]
\end{cases}
\tag{5-1}
$$

式中 w_i——指标权重；

V_i——各指标单位面积海绵城市灰绿雨水设施建设产生的效益，万元；

M_i——单位面积海绵城市灰绿雨水设施全生命周期成本，包括灰绿雨水设施的施工成本、维护成本和残值，万元；

S_i——各指标单位面积海绵城市灰绿雨水设施建设产生的效益，万元；

x——灰色基础设施布设体积占最大蓄水体积的配置比例 x_1，或者绿色基础设施布设面积占相应子汇水区总面积的配置比例 x_2、x_3、x_4；

$f(x)$——灰绿雨水设施配置效果关系模型，见表 5-5；

A——子汇水区总面积，m^2。

（2）约束条件

根据《海绵城市建设评价标准》GB/T 51345—2018 的规定，研究区域年径流总量控制率不宜低于 80%，所对应的降雨量为 17.2mm[130]。对于改扩建项目，年径流污染物总量削减率（以 SS 计）不宜小于 40%。除此之外，约束条件也要考虑单个灰色基础设施的体积比例不超过最大蓄水体积的 100%，单个绿色基础设施的配置面积比例不超过子汇水区面积的 12%。约束条件见式（5-2）~ 式（5-4）：

$$\alpha(x) \geqslant 80\% \tag{5-2}$$

$$\alpha(x)\beta(x) \geqslant 40\% \tag{5-3}$$

$$0 \leqslant x_1 \leqslant 100\%,\ 0 \leqslant x_2 \leqslant 12\%,\ 0 \leqslant x_3 \leqslant 12\%,\ 0 \leqslant x_4 \leqslant 12\% \tag{5-4}$$

式中　$\alpha(x)$——年径流总量控制率，%；

$\beta(x)$——SS 平均去除率，%；

x_1——单个调蓄池的体积比例；

x_2——单个雨水花园的面积比例；

x_3——单个绿色屋顶的面积比例；

x_4——单个透水铺装的面积比例。

5.2.2　多目标优化算法

Deb 于 2000 年提出遗传算法的改进算法——带精英策略的非支配排序遗传算法（NSGA-Ⅱ），是一种基于 Pareto（帕累托）最优解的多目标优化算法。该算法在遗传算法的基础上做了三点改进：①提出了快速非支配排序法，降低了算法的计算复杂度。②提出了拥挤度和拥挤度比较算子，代替了需要指定共享半径的适应度共享策略，并在快速排序后的同级比较中作为胜出标准，使准 Pareto 域中的个体能扩展到整个 Pareto 域，并均匀分布，保持了种群的多样性。③引入精英策略，扩大采样空间。将父代种群与其产生的子代种群组合，共同竞争产生下一代种群，有利于保持父代种群中的优良个体进入下一代，并通过对种群中所有个体的分层存放，使得最佳个体不会丢失，迅速提高种群水平。

在本书中，NSGA-Ⅱ用于求解灰绿雨水设施优化配置的目标函数，避免了传统枚举方法无法找到最优解的困境。NSGA-Ⅱ算法的流程如下：首先，随机产生规模为 n 的初始种群，非支配排序后通过遗传算法的选择、交叉和变异等操作得到第一代种群；其次，从第二代开始，将父代种群与子代种群合并，进行快速非支配排序，同时对每个非支配层中的个体进行拥挤度计算，根据非支配关系以及个体的拥挤度选取合适的个体组成新的父代种群；最后，再次产生新的子代种群，以此类推，直到满足结束条件，生成不同目标下的优化方案。NSGA-Ⅱ流程如图 5-3 所示。种群大小设置为 500，迭代次数为 1000，交叉和变异算子的参数分别为 0.7、0.02。

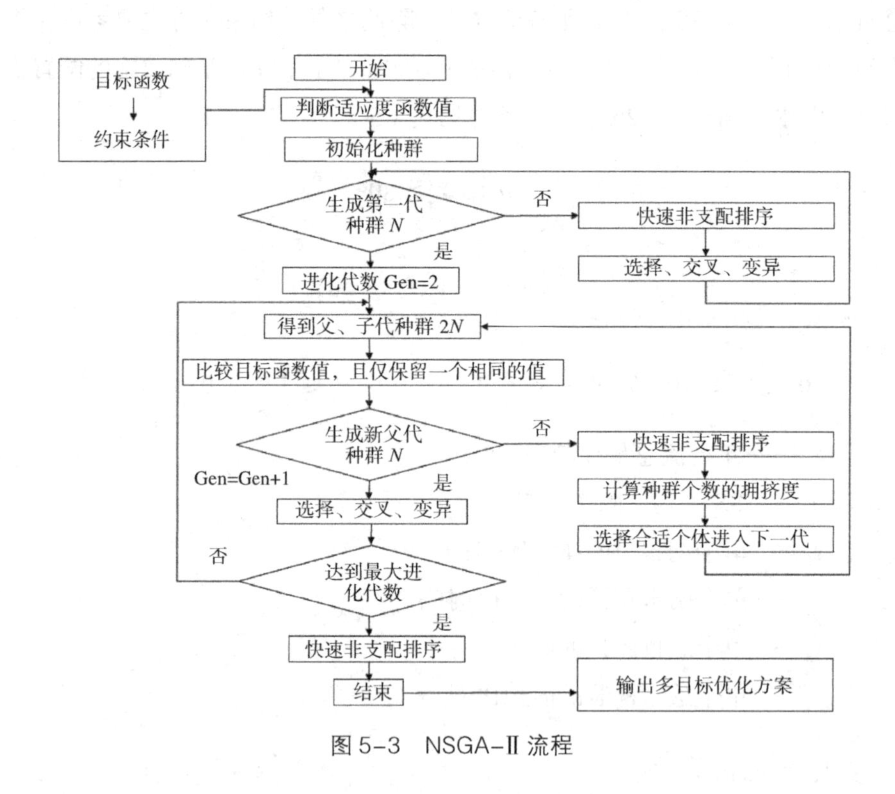

图 5-3 NSGA-Ⅱ 流程

5.3 灰绿雨水设施优化决策模型求解结果

5.3.1 历史情景下的结果

（1）灰绿雨水设施优化决策模型的收敛性和目标函数

在建立的灰绿雨水设施优化决策模型基础上，采用 NSGA-Ⅱ对灰绿雨水设施优化决策模型进行求解，达到不同目标间的均衡优化协调，得到基于多目标联动的 500 组灰绿雨水设施配置优化方案，求解结果如图 5-4 所示。由于本书中的灰绿雨水设施优化决策模型有三个目标函数，即总效益目标函数、成本目标函数和安全效益目标函数，因此采用超体积指标（*HV*）评估灰绿雨水设施优化决策模型的效果。由图 5-4（a）可知，随着灰绿雨水设施优化决策模型迭代次数的增加，模型目标函数的 *HV* 先快速增加，然后逐步稳定，在迭代次数大于 100 次时，模型目标函数的 *HV* 达到最大。尽管在后续迭代计算中，模型目标函数的 *HV* 在一定范围内波动，但是基本稳定在 0.9 左右。结果表明，该灰绿雨水设施优化决策模型在 1000 次的迭代计算中，能够保证模型目标函数收敛到 Pareto 最优解。

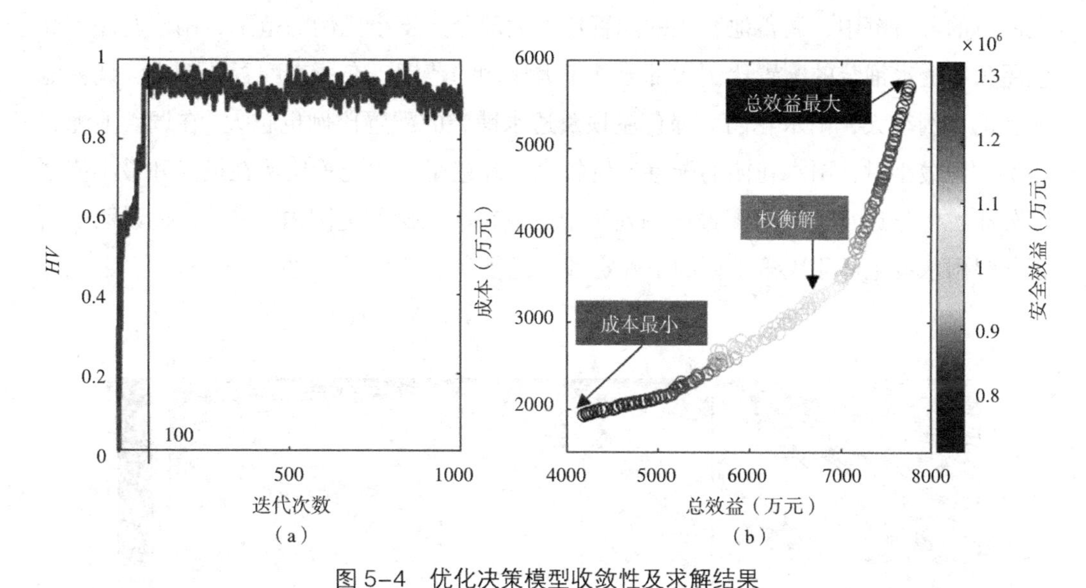

图 5-4　优化决策模型收敛性及求解结果

（a）优化决策模型收敛性；（b）优化决策模型求解结果

注：图中优化决策模型为灰绿雨水设施优化决策模型的简称，下同。

图 5-4（b）中每一个圆圈均表示一个可行解，所有的可行解共同组成了一组 Pareto 最优解，圆圈由安全效益值的大小进行着色。由图 5-4（b）所示 Pareto 曲线可知，不同目标值存在相互协同与竞争的关系，具有总效益、成本和安全效益目标的最优解不是单一目标影响的结果，而是受三个目标之间的权衡和约束的影响，因此比考虑单目标更加复杂。目标的任何改进都是以牺牲其他目标为代价的。灰绿雨水设施优化决策模型的总效益目标（或安全效益目标）和成本目标之间呈现出明显的竞争关系，即总效益目标（或安全效益目标）越大的同时无法满足成本越低；总效益目标和安全效益目标之间不存在竞争关系，它们之间呈明显的协同关系，即在总效益目标达到最大时，安全效益目标也达到最大。此外，在所有的可行解中，总效益值总是大于成本值，表明建设灰绿雨水设施能够产生较好的效益成本比，在实际建设中需要权衡效益和成本之间的关系，选择最佳的灰绿雨水设施配置类别和配置规模。

（2）优化变量（不同设施的最优配置比例）

灰绿雨水设施优化决策模型求解得到的优化变量，即不同灰绿雨水设施的最优配置比例如图 5-5 所示，图中每一个线条均对应图 5-4（b）中的一个可行解。图 5-5 显示了不同灰绿雨水设施配置比例，以及各灰绿雨水设施配置比例之间的相互关系。灰绿雨水设施（调蓄池、雨水花园、绿色屋顶和透水铺装）的最佳配置比例在特定范围内变化，以实现总效益、成本和安全效益方面的三个目标。调蓄池的最优配置比例为最大调蓄池容积的 21.79% ~ 85.77%。雨水花园、绿色屋顶及透水铺装的最小配置比例分别为 1.91%、2.56% 和 1.84%，最大配置比例分别为 11.35%、11.11% 和 7.93%。在所有的可行解中，调蓄池容积的配置比例大部分处于小比例的范围，雨水花园、绿色屋顶和透水铺装的配置比例大部分处于大比例的范围。在所有配置比例中，调蓄池配置的比例越大，雨水花园、绿色屋顶及透水铺装的配置比例也越大；在调蓄池配置比例达到最小时，雨水花园的配置比例较大，绿色屋顶的配置比例在最大和最小值之间分布，但是透水铺装的配置比例处于中等或较小比例的范围内。图 5-5 还说明了由于灰绿雨水设施优化决策模型的不确定性，优化变量具有可变性。

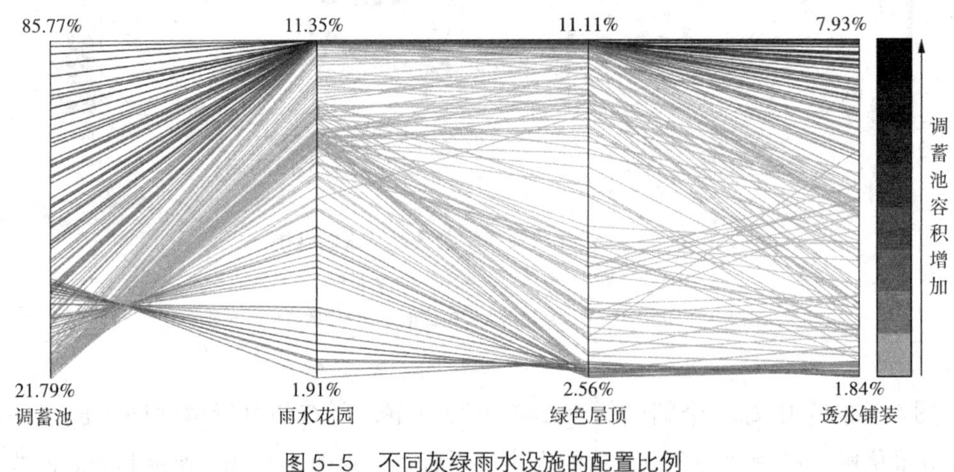

图 5–5　不同灰绿雨水设施的配置比例

为了进一步求解优化决策模型得到的目标函数和最优变量，在所有可行解中选择了成本最小解、效益最大解及权衡了效益和成本之间冲突关系的权衡解（即 Pareto 曲线的转折点）进行分析，选择的解如图 5-4（b）所示。表 5-6 为在选择的最优解下的目标函数和优化变量值。目标函数的结果显示，总效益最大解相比成本最小解和权衡解，总效益分别增加了 86% 和 12%，安全效益分别增加了 89% 和 22%，但是成本分别增加了 196% 和 69%。总效益最大解与安全效益最大解的效益值相同。成本最小解仅考虑了灰绿雨水设施成本较低，成本最小解相比权衡解，总效益和安全效益分别减少了 66% 和 55%，但是成本降低了 75%。优化变量的结果显示，在总效益最大时，所有设施的配置比例均达到了最大值，即调蓄池、雨水花园、绿色屋顶、透水铺装的配置比例分别为 85.77%、11.35%、11.11%、7.93%，并且总效益最大解下调蓄池的配置比例相比权衡解显著增加，增加了 265%。成本最小解的调蓄池、雨水花园、绿色屋顶和透水铺装的配置比例最小，分别为 40.68%、1.91%、2.95%、1.84%。权衡解的配置比例介于总效益最大解和成本最小解之间，即调蓄池、雨水花园、绿色屋顶、透水铺装的配置比例分别为 23.47%、10.66%、10.70%、4.70%。结果表明，尽管总效益最大解获得了最大的总效益和安全效益，但是灰绿雨水设施的规模和成本也显著增加，权衡解通过权衡效益和成本之间的关系，获得了较为合适的灰绿雨水设施的规模和成本；并且权衡解的调蓄池配置比例是所有解中最小的，表明权衡解倾向于配置更多的绿色基础设施，在实际工程中配置绿色基础设施比灰色基础设施更具备优势，具有显著的总效益和安全效益，而且成本相对低廉[177, 178]。此外，虽然不同目标的灰绿雨水设施最优配置比例不同，但是灰绿雨水设施配置具有显著的总效益和安全效益，分别为 4162.47 万 ~ 7750.88 万元、698248.74 万 ~ 1325370.98 万元。RAEI EHSAN 等[179]采用基于模糊社会选择理论的决策模型，模拟利益相关者对部分合作群体决策问题的共识，并考虑了利益相关者的不同目标偏好，以找到灰绿雨水设施的最佳配置位置和大小。因此，在灰绿雨水设施优化决策中，关注不同的目标是非常重要的。

选择的最优解下的目标函数和优化变量值　　表 5-6

选择的最优解		总效益最大解	成本最小解	权衡解
目标函数	总效益（万元）	7750.88	4162.47	6917.98
	成本（万元）	5716.69	1928.10	3376.66
	安全效益（万元）	1325370.98	698248.74	1084987.54
优化变量	调蓄池体积比	85.77%	40.68%	23.47%
	雨水花园面积比	11.35%	1.91%	10.66%
	绿色屋顶面积比	11.11%	2.95%	10.70%
	透水铺装面积比	7.93%	1.84%	4.70%

5.3.2　未来降雨情景下的结果

1. 灰绿雨水设施优化决策模型的收敛性和目标函数

在 SSP1-2.6 情景、SSP2-4.5 情景和 SSP5-8.5 情景下，灰绿雨水设施优化决策模型（简称优化决策模型）仍为 5.2.1 节的数学模型，但是未来降雨情景下的决策模型采用变化后的降雨量作为其输入数据，对该灰绿雨水设施优化决策模型进行求解，并

且同样采用 *HV* 评估灰绿雨水设施优化决策模型的效果。未来降雨情景下，灰绿雨水设施优化决策模型的收敛性和求解结果如图 5-6 所示。图 5-6（a）、（c）和（e）分别为 SSP1-2.6 情景、SSP2-4.5 情景和 SSP5-8.5 情景下优化决策模型的收敛性分析。结果显示，在不同的降雨情景下优化决策模型的收敛性曲线先快速上升，然后保持稳定，具体的收敛过程显示出较小的差异。这一结果表明，所有情景下的优化决策模型在 1000 次迭代优化计算中，均能够收敛到最优解，这与 5.3.1 节的结果相同。图 5-6（b）、（d）和（f）分别为 SSP1-2.6 情景、SSP2-4.5 情景和 SSP5-8.5 情景下优化决策模型的目标函数求解结果。结果显示，在 SSP1-2.6 情景、SSP2-4.5 情景和 SSP5-8.5 情景下，优化决策模型的总效益目标（或安全效益目标）和成本目标之间呈现出明显的竞争关系，并且这种竞争关系不会随降雨情景的变化而变化，即在所有未来情景下总效益和安全效益越大的同时无法满足灰绿雨水设施配置的成本越低。此外，在所有未来情景下，所有优化决策模型的成本和安全效益分布范围没有明显的差异。但是从总效益目标可以看出，SSP2-4.5 情景下优化决策模型获得的总效益的分布范围最小，即为

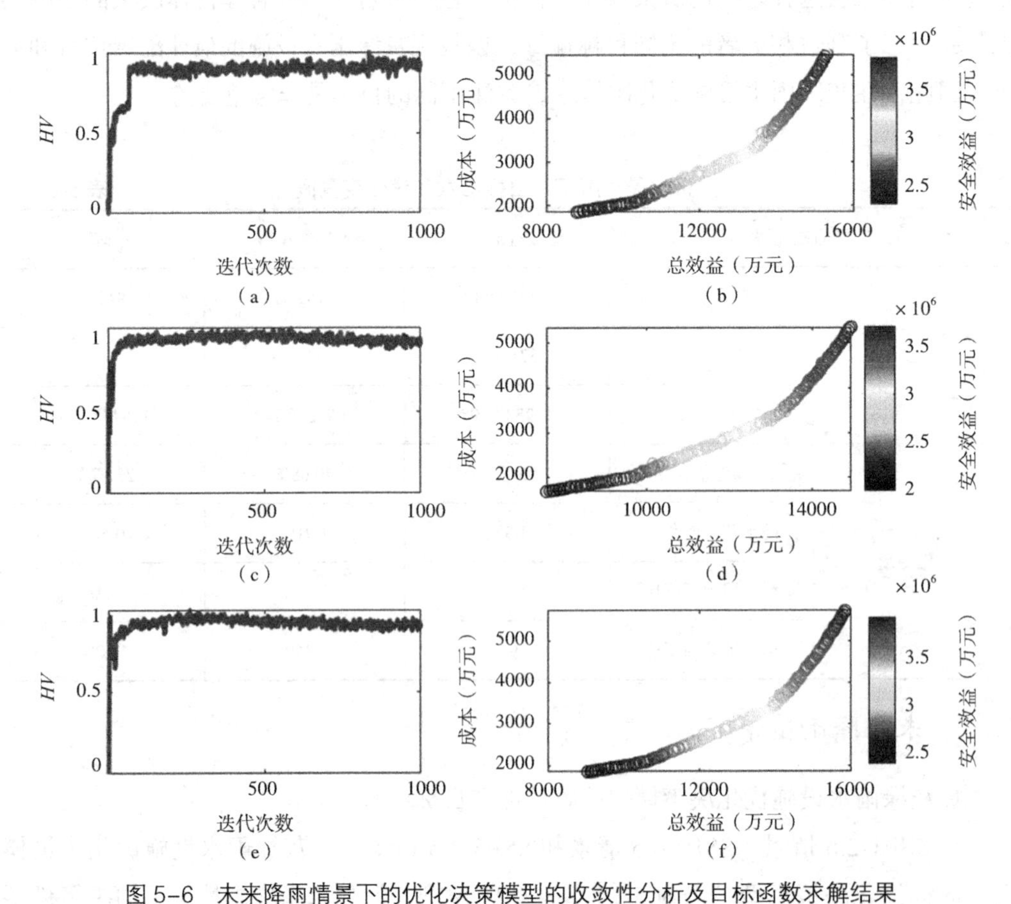

图 5-6　未来降雨情景下的优化决策模型的收敛性分析及目标函数求解结果

（a）SSP1-2.6 情景下收敛性分析；（b）SSP1-2.6 情景下目标函数求解结果；（c）SSP2-4.5 情景下收敛性分析；（d）SSP2-4.5 情景下目标函数求解结果；（e）SSP5-8.5 情景下收敛性分析；（f）SSP5-8.5 情景下目标函数求解结果

7590.89 万~ 14930.60 万元，SSP5-8.5 情景下优化决策模型获得的总效益的分布范围最大，即为 9050.96 万~ 15837.01 万元。

2. 优化变量（不同设施的最优配置比例）

图 5-7 为基于未来降雨量变化的优化决策模型的优化变量。结果显示，在不同降雨情景的优化决策模型下，由于未来降雨量变化的影响，导致不同优化决策模型的灰绿雨水设施的最优配置比例呈现出一定的差异，但是灰绿雨水设施的配置比例之间的耦合协调机制在不同降雨情景的优化决策模型中基本一致。在所有未来情景的可行解中，调蓄池容积的配置比例大部分处于小比例的范围内，即 31% 以内（最大配置比例为 100%），雨水花园的配置比例大部分处于大比例的范围内，即 7.00% ~ 11.50%（最大配置比例为 12.00%），绿色屋顶和透水铺装的配置比例遍布于 0 ~ 11.12% 范围内（最大配置比例为 12.00%）；调蓄池的配置比例越大，雨水花园、绿色屋顶及透水铺装的配置比例也越大。此外，在未来降雨情景和历史降雨情景下（5.3.1 节）不同灰绿雨水设施的最优配置比例之间的关系结果表明，未来降雨的变化对灰绿雨水设施配置的影响主要体现在设施规模上，降雨量变化越大，即降雨量级越大（例如 SSP5-8.5 情景），需要的调蓄设施规模也越大，不同降雨条件下灰绿雨水设施的性能显著不同。并且，由于调蓄池对极端降雨下的内涝调蓄能力较强 [180, 181]，因此在 SSP5-8.5 情景下，调蓄池的最大配置比例大，也使得 SSP5-8.5 情景下的总效益最大。这一结果也证明，应对极端暴雨情况，仍需要配置大比例的灰色基础设施，绿色基础设施作为辅助，才能发挥水生态、水安全和大气环境方面的功能 [182]。有研究表明，如果有效布局和设计灰色基础设施与绿色基础设施，耦合灰色与绿色基础设施比其单独配置更有效 [183]，耦合灰色与绿色基础设施的可持续性指数可达 0.676，大于单一雨水设施的可持续性指数 [26]。

为了进一步对比分析不同优化决策模型的最优解及优化变量，选择基于未来降雨情景下不同优化决策模型的总效益最大、成本最小和权衡解（即 Pareto 曲线的转折点）的最优解。最优解选择的原则和历史情景下优化决策模型一致（见 5.3.1 节），在此不再赘述。表 5-7 ~ 表 5-9 为不同未来降雨情景下优化决策模型选择的最优解下的目标函数和优化变量值。和历史降雨情景下优化决策模型相比，基于未来降雨量变化的优化决策模型的目标函数在选择的最优解下，总效益和安全效益均显著增加，但是成本基本保持不变，历史情景、SSP1-2.6 情景、SSP2-4.5 情景和 SSP5-8.5 情景下的成本分别为 1892.10 万~ 5716.69 万元、1839.60 万~ 5470.50 万元、1685.79 万~ 5343.82 万元和 1857.06 万~ 5713.85 万元。这是由于优化决策模型的优化变量，即不同灰绿雨水设施的配置比例在一个固定的范围内，因此，在优化变量保持不变的前提下，灰绿雨水设施的规模和大小并未发生显著的变化，使灰绿雨水设施的成本基本保持稳定值。

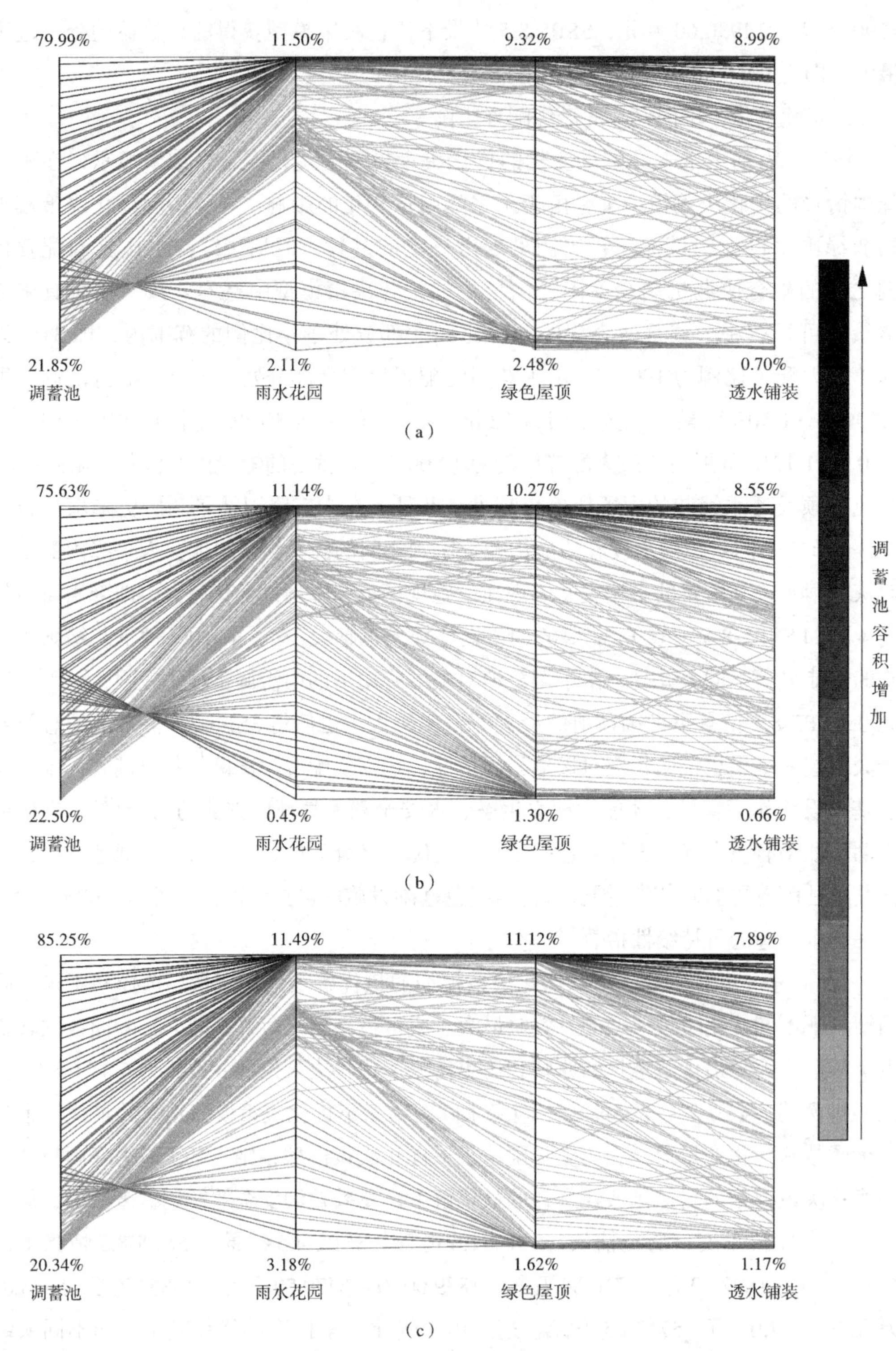

图 5-7　基于未来降雨量变化的优化决策模型的优化变量

（a）SSP1-2.6 情景；（b）SSP2-4.5 情景；（c）SSP5-8.5 情景

选择的 SSP1-2.6 情景最优解下的目标函数和优化变量值　　　　表 5-7

选择的最优解		总效益最大解	成本最小解	权衡解
目标函数	总效益（万元）	15310.72	8799.02	13400.80
	成本（万元）	5470.50	1839.60	3279.83
	安全效益（万元）	3880989.48	2231394.13	3279199.76
优化变量	调蓄池体积比	79.99%	40.40%	22.17%
	雨水花园面积比	11.49%	2.11%	11.08%
	绿色屋顶面积比	9.32%	2.82%	8.80%
	透水铺装面积比	8.99%	0.70%	5.59%

选择的 SSP2-4.5 情景最优解下的目标函数和优化变量值　　　　表 5-8

选择的最优解		总效益最大解	成本最小解	权衡解
目标函数	总效益（万元）	14930.60	7579.89	13025.65
	成本（万元）	5343.82	1685.79	3287.47
	安全效益（万元）	3734372.95	1927901.17	3142645.57
优化变量	调蓄池体积比	75.63%	46.38%	22.68%
	雨水花园面积比	11.14%	0.45%	10.56%
	绿色屋顶面积比	10.27%	1.30%	9.64%
	透水铺装面积比	8.55%	0.66%	5.27%

选择的 SSP5-8.5 情景最优解下的目标函数和优化变量值　　　　表 5-9

选择的最优解		总效益最大解	成本最小解	权衡解
目标函数	总效益（万元）	15837.01	9050.96	14006.48
	成本（万元）	5713.85	1857.06	3465.69
	安全效益（万元）	3997843.85	2317097.25	3411416.71
优化变量	调蓄池体积比	85.25%	38.89%	23.63%
	雨水花园面积比	11.49%	3.18%	11.34%
	绿色屋顶面积比	11.12%	1.73%	10.67%
	透水铺装面积比	7.89%	1.22%	4.78%

成本最小解倾向于配置中等规模的调蓄池（即 SSP1-2.6 情景、SSP2-4.5 情景和 SSP5-8.5 情景分别为 40.40%、46.38%、38.89%），以及最小规模的绿色基础设施（即 SSP1-2.6 情景、SSP2-4.5 情景和 SSP5-8.5 情景分别为 0.70% ~ 2.82%、0.45% ~ 1.30%、1.22% ~ 3.18%），以保证投入的成本最小。但是，权衡解倾向于配置较小规模的调蓄池（即 SSP1-2.6 情景、SSP2-4.5 情景和 SSP5-8.5 情景分别为 22.17%、22.68%、23.63%）和较大规模的绿色基础设施（即 SSP1-2.6 情景、SSP2-4.5 情景和 SSP5-8.5

情景分别为 5.59% ~ 11.08%、5.27% ~ 10.56%、4.78% ~ 11.34%)。结果表明，在未来降雨增加的情况下，灰绿雨水设施更好地发挥了其减轻热岛效应、补充地下水、污水再生利用、削减径流、削减 COD 与 SS 负荷及净化空气污染等方面的效益，从而显著提升了灰绿雨水设施的总效益和安全效益。与其他情景相比，在 SSP5-8.5 情景下，总效益和安全效益增加的幅度最明显，而 SSP2-4.5 情景下增加的幅度最小，这主要是因为 SSP5-8.5 情景下的降雨量最大，需要配置大比例的灰绿雨水设施（例如权衡解下调蓄池、雨水花园、绿色屋顶、透水铺装的配置比例分别为 23.63%、11.34%、10.67%、4.78%)，产生的总效益和安全效益较高（例如权衡解下总效益和安全效益分别为 14006.48 万元和 3411416.71 万元）；SSP2-4.5 情景下的降雨量最小，需要配置小比例的灰绿雨水设施（例如权衡解下调蓄池、雨水花园、绿色屋顶、透水铺装的配置比例分别为 22.68%、10.56%、9.64%、5.27%)，产生的总效益和安全效益稍低（例如权衡解下总效益和安全效益分别为 13025.65 万元和 3142645.57 万元)。这一结果也表明耦合灰色基础设施和绿色基础设施在应对未来极端降雨方面具备较高的能力。在不同目标的最优解下，总效益和安全效益及成本的差异也较大；权衡解由于权衡了总效益和成本之间的竞争关系，由此得到的设施最优配置是应对未来极端降雨较为理想的解。

5.3.3 优化方案对溢流量及典型污染物负荷的控制效果

为了对比分析不同优化决策模型求解得到的灰绿雨水设施最优配置比例对溢流量及典型污染物负荷的控制效果，进一步计算了相比传统策略，优化方案（即通过优化决策模型得到的优化变量，下同）的溢流削减率、COD 负荷削减率及 SS 负荷削减率，结果如表 5-10 ~ 表 5-12 所示。由表 5-10 可知，配置灰绿雨水设施的优化方案比传统策略的溢流量低，证实了优化方案对控制溢流的有效性。随着重现期的增大，即降雨量的增加，所有优化方案相比传统策略下的溢流削减率均减小，重现期越大溢流削减率越小。在 SSP5-8.5 情景重现期为 50 年的极端情况下，权衡解的溢流削减率为 20.24%，相比传统策略，优化方案的溢流削减率最低。这一结果表明，灰绿雨水设施在应对较低的降雨量时，能更好地控制溢流。但是在大降雨量时，灰绿雨水设施控制溢流的能力是有限的，因为灰色与绿色基础设施达到饱和后就不能再调蓄多余的雨水量，溢流控制能力明显下降。LUAN BO 等 [175] 的研究也指出在较大降雨事件期间，设施的控制能力有限。此外，不同最优解下的溢流削减率也差异较大。相比传统策略，不同的最优解下优化方案的溢流削减率，总效益最大解和权衡解显著高于成本最小解下。

优化方案的溢流削减率（相比传统策略）　　表 5-10

情景	最优解	重现期（年）				
		2	5	10	20	50
历史	总效益最大解	280.26%	98.76%	66.29%	49.89%	31.68%
	成本最小解	77.20%	27.20%	18.26%	13.74%	8.73%
	权衡解	202.40%	71.33%	47.87%	36.03%	22.88%
SSP1-2.6	总效益最大解	157.16%	66.96%	46.76%	35.94%	27.52%
	成本最小解	39.61%	16.87%	11.78%	9.06%	6.93%
	权衡解	114.27%	48.68%	34.00%	26.13%	20.01%
SSP2-4.5	总效益最大解	184.09%	70.94%	48.58%	37.08%	28.24%
	成本最小解	34.46%	13.28%	9.10%	6.94%	5.29%
	权衡解	135.07%	52.05%	35.65%	27.21%	20.72%
SSP5-8.5	总效益最大解	153.96%	66.15%	46.28%	35.65%	27.31%
	成本最小解	39.67%	17.05%	11.92%	9.19%	7.04%
	权衡解	114.07%	49.01%	34.29%	26.41%	20.24%

优化方案的 COD 负荷削减率（相比传统策略）　　表 5-11

情景	最优解	重现期（年）				
		2	5	10	20	50
历史	总效益最大解	145.04%	146.93%	148.39%	149.89%	153.47%
	成本最小解	40.35%	40.88%	41.29%	41.70%	42.70%
	权衡解	105.35%	106.72%	107.79%	108.87%	111.47%
SSP1-2.6	总效益最大解	141.21%	143.58%	145.41%	147.29%	149.85%
	成本最小解	35.89%	36.49%	36.96%	37.44%	38.09%
	权衡解	102.67%	104.39%	105.72%	107.09%	108.95%
SSP2-4.5	总效益最大解	140.26%	142.61%	144.42%	146.24%	148.73%
	成本最小解	26.30%	26.74%	27.08%	27.42%	27.89%
	权衡解	103.12%	104.84%	106.18%	107.52%	109.34%
SSP5-8.5	总效益最大解	146.00%	148.53%	150.49%	152.50%	155.24%
	成本最小解	36.40%	37.03%	37.52%	38.02%	38.71%
	权衡解	108.04%	110.28%	111.73%	113.22%	115.26%

由表 5-11、表 5-12 可知，不同情景下，配置灰绿雨水设施的优化方案降低了排口处 SS 和 COD 的负荷。在不同重现期及不同的降雨情景下，相比传统策略，优化方案的 COD 负荷削减率差异较小，但是不同最优解之间的差异较大。这一结果表明，重现期的大小不是决定 COD 负荷削减率的关键要素，COD 负荷削减率主要受到灰绿雨水设施配置规模的影响。此外，不同最优解之间的 COD 负荷削减率结果表明，总效益最大解下，由于其灰绿雨水设施的配置规模最大，因此对 COD 负荷削减

的效果最显著，历史情景、SSP1-2.6 情景、SSP2-4.5 情景和 SSP5-8.5 情景的 COD 负荷削减率分别为 145.04% ~ 153.47%、141.21% ~ 149.85%、140.26% ~ 148.73% 和 146.00% ~ 155.24%。其次为权衡解，历史情景、SSP1-2.6 情景、SSP2-4.5 情景和 SSP5-8.5 情景的 COD 负荷削减率分别为 105.35% ~ 111.47%、102.67% ~ 108.95%、103.12% ~ 109.34% 和 108.04% ~ 115.26%。尽管成本最小解的调蓄池配置比例也较大，但是其绿色基础设施的配置规模最小，因此导致其对 COD 负荷削减的效果最差，历史情景、SSP1-2.6 情景、SSP2-4.5 情景和 SSP5-8.5 情景的 COD 负荷削减率分别为 40.35% ~ 42.70%、35.89% ~ 38.09%、26.30% ~ 27.89% 和 36.40% ~ 38.71%。

由表 5-12 可知，在不同重现期及不同降雨情景下，相比传统策略，优化方案的 SS 负荷削减率差异较小，但是不同最优解之间的差异较大。这个结果和 COD 负荷削减率的结果基本一致[184]，表明污染负荷的削减率和降雨量的大小不存在显著的关系，与灰绿雨水设施的规模直接相关。另外，优化方案对 SS 和 COD 负荷削减效果相似，有相关研究表明，雨水管理措施对不同污染物的去除性能不同[185]，但是本书只对比了 COD 和 SS，未考虑其他污染物（如 TN、TP、重金属等）。

优化方案的 SS 负荷削减率（相比传统策略） 表 5-12

情景	最优解	重现期（年）				
		2	5	10	20	50
历史	总效益最大解	143.77%	145.00%	145.94%	146.89%	149.16%
	成本最小解	39.02%	39.35%	39.61%	39.87%	40.48%
	权衡解	104.14%	105.03%	105.72%	106.41%	108.05%
SSP1-2.6	总效益最大解	141.53%	143.08%	144.27%	145.47%	147.10%
	成本最小解	33.99%	34.36%	34.65%	34.94%	35.33%
	权衡解	103.04%	104.16%	105.03%	105.91%	107.09%
SSP2-4.5	总效益最大解	139.91%	141.44%	142.60%	143.77%	145.35%
	成本最小解	24.64%	24.91%	25.12%	25.32%	25.60%
	权衡解	102.72%	103.84%	104.70%	105.56%	106.71%
SSP5-8.5	总效益最大解	144.47%	146.10%	147.36%	148.62%	150.34%
	成本最小解	35.76%	36.17%	36.48%	36.79%	37.22%
	权衡解	107.22%	108.44%	109.37%	110.31%	111.58%

综上所述，由于权衡解权衡了效益和成本之间的关系，其对溢流削减以及污染物的削减效果也较显著，因此在实际配置中，应重点关注权衡解，以获得效益和成本最佳的灰绿雨水设施配置方案。此外，随着灰绿雨水设施配置比例的增加，对内涝和面源污染的控制效果较好。灰色基础设施侧重于快速排水，在缓解内涝方面更有效，而绿色基础设施则强调渗透，更适合污染控制[177]，因此耦合灰色与绿色基础设施在控

制内涝和面源污染方面更有效。

5.3.4　优化方案对内涝风险的控制效果

以 50 年重现期为例，分析由不同的优化决策模型求解得到的灰绿雨水设施最优配置的权衡解（历史情景权衡解为：23.47% 调蓄池 +10.66% 雨水花园 +10.70% 绿色屋顶 +4.70% 透水铺装；SSP1-2.6 情景权衡解为：22.17% 调蓄池 +11.08% 雨水花园 +8.80% 绿色屋顶 +5.59% 透水铺装；SSP2-4.5 情景权衡解为：22.68% 调蓄池 +10.56% 雨水花园 +9.64% 绿色屋顶 +5.27% 透水铺装；SSP5-8.5 情景权衡解为：23.63% 调蓄池 +11.34% 雨水花园 +10.67% 绿色屋顶 +4.78% 透水铺装）对内涝的控制效果。由表 5-13 可知，50 年重现期下无内涝低风险区域。布设灰绿雨水设施后，仍然遵循与传统策略一样的规律，即未来情景下的内涝风险（中风险或高风险）面积大于历史情景下的风险（中风险或高风险）面积，说明即使布设了灰绿雨水设施，由气候变化引起的未来降雨量增加，也会影响雨水系统的排水性能，区域的内涝积水仍然增加，但是增加幅度比传统策略要低。并且灰绿雨水设施的控制效果会随着降雨量的增加而逐渐减弱。不同情景下的内涝风险面积由小到大依次为 SSP2-4.5 情景、SSP1-2.6 情景、SSP5-8.5 情景，相比传统策略，SSP5-8.5 情景下优化方案的内涝风险面积减少了 1.78km^2，而 SSP2-4.5 情景下灰绿策略的内涝风险面积减少了 1.74km^2。与传统策略相比，优化方案的中、高风险区面积均有所减少，并且高风险区的面积比中风险区的面积减少幅度更大。历史情景、SSP1-2.6 情景、SSP2-4.5 情景和 SSP5-8.5 情景下中风险区面积分别减少了 0.05km^2、0.39km^2、0.41km^2、0.38km^2，高风险区面积分别减少了 0.78km^2、1.36km^2、1.33km^2、1.4km^2，证明优化方案下，部分高风险区转变为中风险区，部分中风险区转变为无风险区。但是随着气候变化朝着不利的方向发展，即由 SSP1-2.6 情景到最不利的 SSP5-8.5 情景，即使配置了灰绿雨水设施，内涝风险面积也逐渐增加，说明不利的气候变化会降低灰绿雨水设施控制内涝的能力。从内涝风险等级的空间分布来看（图 5-8），在未来不同情景下，布设灰绿雨水设施后，研究区域内发生内涝风险的位置具有一致性。布设灰绿雨水设施使得研究区域内中风险区和高风险区的范围均缩小，消除了大部分内涝点，说明灰绿雨水设施对城市内涝等级及内涝空间分布均有较好的控制效果。

优化方案 50 年重现期下内涝风险等级面积　　**表 5-13**

风险等级	历史情景		SSP1-2.6 情景		SSP2-4.5 情景		SSP5-8.5 情景	
	中风险	高风险	中风险	高风险	中风险	高风险	中风险	高风险
传统策略面积（km^2）	0.42	1.03	0.97	1.76	0.96	1.70	0.98	1.82
优化方案面积（km^2）	0.37	0.25	0.58	0.40	0.55	0.37	0.60	0.42

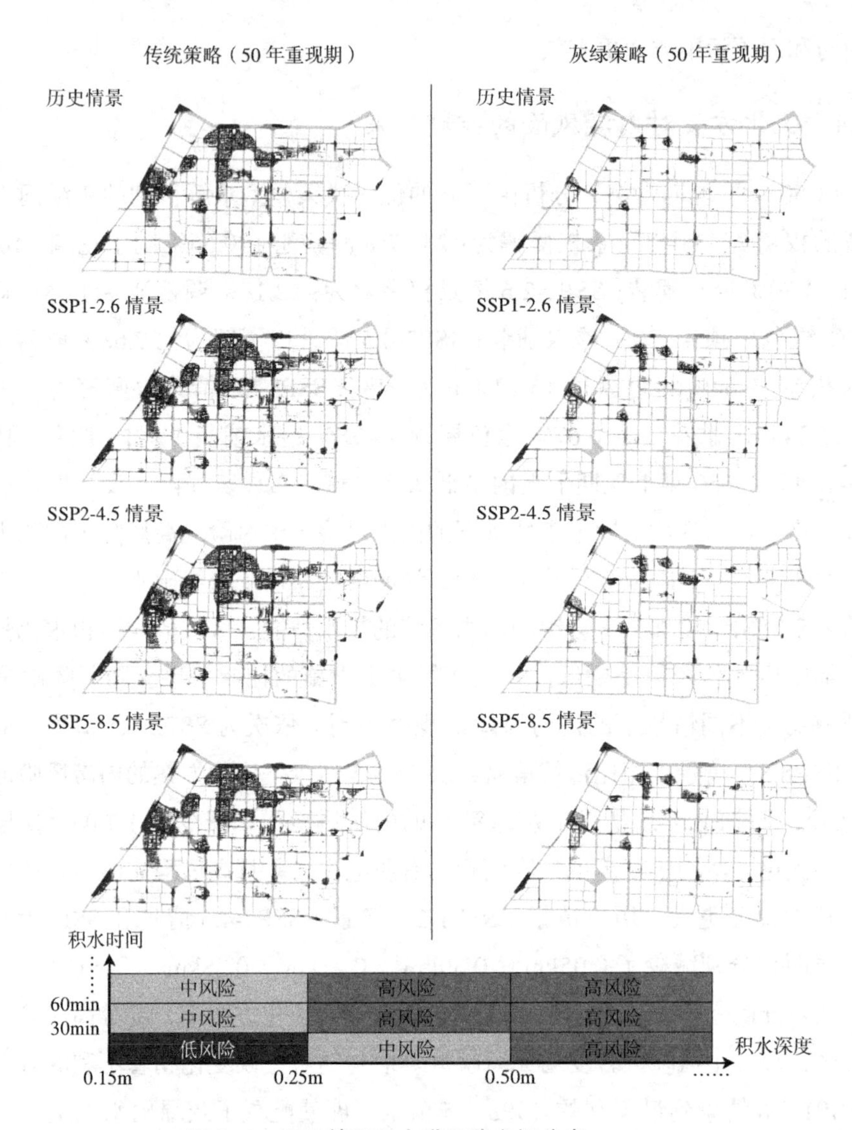

图 5–8 不同情景下内涝风险空间分布

5.4 雨水系统弹性分析

5.4.1 雨水系统弹性评估方法

本节对于雨水系统弹性的评估主要是针对内涝。城市雨水系统弹性是指城市的雨水系统遭遇降雨后，研究区域经历了从内涝灾害到逐渐恢复至原状态的一个过程，其表现为系统遭遇内涝灾害后恢复到指定状态所用的时间[186]。弹性共分为两个阶段：第一阶段，系统受到压力后突然丧失弹性；第二阶段，系统会逐渐恢复原始状态或重新建立正常状态。对于雨水系统弹性的分析有多种量化方法，例如用总积水量和积水时间来量化雨水系统对内涝的弹性[187]，或者将内涝积水深度转换为洪水损失来量化弹性。通过式（5-5）计算雨水系统的弹性，公式的组成包含内涝积水造成的损失以及内涝积水持续的时间两个方面[188]。由式（5-5）计算得到的雨水系统弹性范围为 0 ~ 1，0 表示雨水系统弹性最低，1 表示雨水系统弹性最高。

$$Res = 1 - \frac{\bar{t}\sum_{i=1}^{n} L_i(x)}{t \max\left(\sum_{i=1}^{n} L_i(x)\right)} \tag{5-5}$$

式中　*Res*——雨水系统弹性；

n——积水网格数；

x——积水深度，m；

$L_i(x)$——第 i 个网格的最大积水深度 x 造成的内涝损失，结合陈卫佳[188]做出的积水深度—损失曲线，拟合不同重现期条件下的内涝损失公式计算内涝损失，见表 5-14；

$\bar{t}$——网格的平均积水时间，min；

t——总模拟时间，min。

不同重现期下的内涝损失公式　　**表 5-14**

重现期（年）	公式	R^2
2 或者 5	y=32488.21−30415.10 × 0.03^x	0.98
10 或者 20	y=34981.57−33105.00 × 0.02^x	0.98
50 或者 100	y=37551.23−37019.15 × 0.01^x	0.98

注：x 为积水深度（m），y 为内涝损失（元）。

5.4.2　传统策略下雨水系统弹性研究

通过式（5-5）计算历史及未来情景下雨水系统的弹性，可以进一步分析基于传统策略的雨水系统应对未来气候变化的能力。由图 5-9（a）可知，随着重现期增加，雨水系统恢复时间变短，导致系统弹性逐渐降低，由 0.83 ~ 0.88（2 年重现期）降至 0.30 ~ 0.44（50 年重现期）。与历史情景相比，未来三种情景均降低了雨水系统的弹性，使雨水系统受到损害。SSP1-2.6 情景、SSP2-4.5 情景、SSP5-8.5 情景的弹性值分别为 0.32 ~ 0.84、0.34 ~ 0.85、0.30 ~ 0.84。结合图 4-7 可知，降雨强度增加 15.85% ~ 29.85%，将导致系统弹性降低 5.69% ~ 31.82%，重现期越大，系统弹性降低的幅度越大。这与 DONG SIYAN 等[124]在大区域尺度研究出的降雨强度增加 20%，将导致系统弹性降低 16% 的结果相似。

为了验证研究区域雨水系统弹性的空间分布和内涝风险的空间分布是否一致，计算了单个网格的雨水系统弹性。在计算时采用与式（5-5）相同的弹性定义，但是采用的值是单个网格积水深度造成的损失以及单个网格的积水持续时间。并且将网格的雨水系统弹性指数按照其四分位数进行分级，分别为小于25%分位数（即0.32）为弹性低值分区、在25%～75%分位数（即0.32～0.56）之间为弹性中值分区、大于75%分位数（即0.56）为弹性高值分区。将单个网格的内涝风险等级与弹性等级进行相关关系分析，结果如图5-9（b）所示。同一重现期下，历史及未来三种情景的相关性相差不多。在2年和5年重现期的相关性高于其在10年、20年和50年重现期的相关性。SSP5-8.5情景下重现期为2年时相关性最高，为0.74。内涝风险和雨水系统弹性的相关性范围为0.63～0.74，证明研究区域内涝风险与雨水系统弹性的空间分布较一致，但是雨水系统弹性考虑到内涝由发生到恢复的动态过程，以及内涝造成的损失，表明部分网格尽管内涝风险较高，但是造成的损失较低。WANG YUNTAO等[166]将未淹没网格单元的数量与网格单元总数量的比值定义为弹性，同样评估了区域网格单元的雨水系统弹性，结果显示，雨水系统弹性随降雨强度的增加而降低，并且抗涝能力差的积水区对降雨强度的变化更敏感，与本书的结果一致。

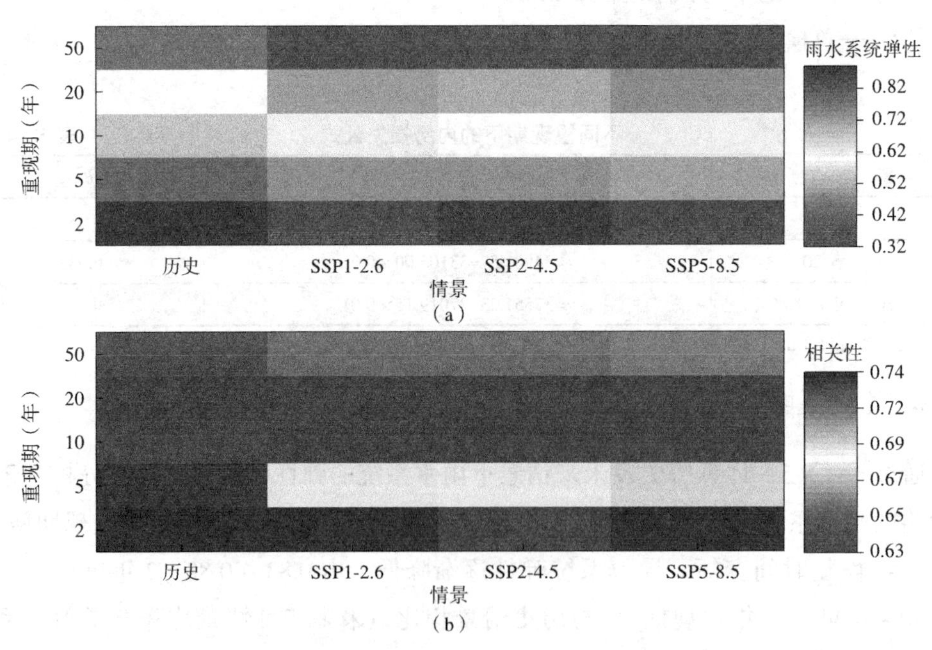

图5-9　雨水系统弹性等级及与内涝风险等级的相关性

（a）雨水系统弹性；（b）弹性等级与内涝风险等级的相关性

不同风险等级下弹性的比例见图5-10，随着重现期的增大，区域网格中风险下的弹性由高弹性占主导地位向由中弹性占主导地位转移，即网格弹性在逐渐降低。区域网格高风险下的弹性在重现期小于等于20年时，中弹性占主导地位；在重现期大于20年时，低弹性占主导地位。在相同重现期下，历史及未来不同情景下的不同等级弹性占比基本一致，证明不同未来气候变化影响下的雨水系统弹性虽有降低的趋势，但是降低得不明显。不同风险等级下弹性的比例结果也表明，随着重现期增大，极端降雨显著增加，降低了雨水系统弹性。但是，区域内除了存在高风险—低弹性的区域，也存在中风险—低弹性的区域，弹性较低的脆弱区域难以靠自身能力应对内涝灾害，需要依靠灰绿雨水设施提升其弹性。对于高风险—高弹性的区域，可以靠自身能力应对气候变化影响下的城市内涝。

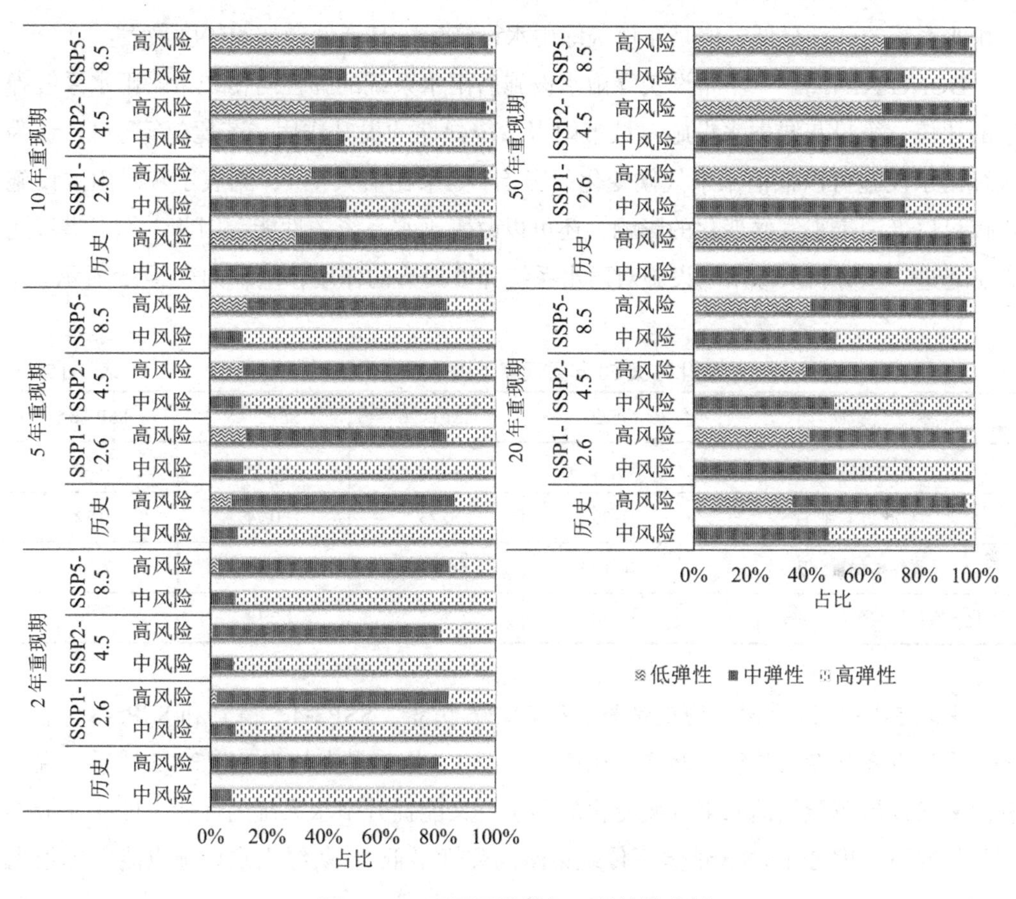

图 5-10 不同风险等级下弹性的比例

5.4.3 灰绿雨水设施优化配置对雨水系统弹性的提升作用

以 50 年重现期为例，对比分析传统策略及优化方案下雨水系统的弹性，结果见表 5-15。灰绿策略的配置比例，是优化决策模型求解得到的灰绿雨水设施最优配置比例（历史情景权衡解为：23.47% 调蓄池 +10.66% 雨水花园 +10.70% 绿色屋顶 +4.70% 透水铺装；SSP1-2.6 情景权衡解为：22.17% 调蓄池 +11.08% 雨水花园 +8.80% 绿色屋顶 +5.59% 透水铺装；SSP2-4.5 情景权衡解为：22.68% 调蓄池 +10.56% 雨水花园 +9.64% 绿色屋顶 +5.27% 透水铺装；SSP5-8.5 情景权衡解为：23.63% 调蓄池 +11.34%

雨水花园 +10.67% 绿色屋顶 +4.78% 透水铺装），优化方案弹性是灰绿雨水设施最优配置比例得到的弹性。传统策略雨水系统的弹性值为 0.30 ~ 0.44。布设灰绿雨水设施后，未来情景下系统的弹性增加至 0.72 ~ 0.79。与传统策略相比，历史情景、SSP1-2.6 情景、SSP2-4.5 情景和 SSP5-8.5 情景的弹性值分别增加了 44.01%、56.18%、54.27% 和 57.80%，这说明布设灰绿雨水设施有效提升了雨水系统的弹性，使得雨水系统能适应未来气候变化的影响 [189]。从不同降雨情景来看，历史情景的雨水系统弹性比未来情景的高，未来情景的降雨强度增加导致雨水系统的弹性变低，尤其以 SSP5-8.5 情景下雨水系统的弹性最低，但是布设灰绿雨水设施后，其弹性增加的幅度最大。

DONG XIN 等 [176] 用布设灰绿雨水设施后雨水系统的弹性与传统策略雨水系统弹性的比值，衡量灰绿雨水设施对城市雨水系统弹性的提升作用。若比值等于 1，认为灰绿雨水设施可以抵消未来气候变化的影响；如果比值大于 1，则表示灰绿雨水设施不仅可以抵消未来气候变化的影响，还可以改善雨水系统的性能。因此，本书借鉴此方法，进一步分析灰绿雨水设施对雨水系统弹性提升的作用，结果如表 5-15 所示。

优化方案 50 年重现期下雨水系统的弹性 表 5-15

情景	历史	SSP1-2.6	SSP2-4.5	SSP5-8.5
传统策略弹性	0.44	0.32	0.34	0.30
优化方案弹性	0.79	0.73	0.74	0.72
弹性增加百分比	44.01%	56.18%	54.27%	57.80%
优化方案弹性与传统策略弹性比值	1.80	2.28	2.18	2.40

由表 5-15 可以看出，历史情景、SSP1-2.6 情景、SSP2-4.5 情景和 SSP5-8.5 情景下，优化方案弹性与传统策略弹性比值均大于 1，比值最大的为 SSP5-8.5 情景，说明灰绿雨水设施既能抵消未来气候变化的影响，又能提升雨水系统的性能，即使在最不利的情况下（即 SSP5-8.5 情景下传统策略的弹性最低），灰绿雨水设施也能发挥很大的提升作用。

5.5 本章小结

灰绿雨水设施配置显著影响了设施的总效益及安全效益，因此，本章通过建立灰绿雨水设施优化决策模型，对多目标联动的灰绿雨水设施优化配置进行了研究，提出了在历史及未来降雨情景下的最优配置方案，主要结论如下：

（1）历史降雨情景下，灰绿雨水设施优化方案的总效益目标、安全效益目标和成本目标之间呈现出明显的竞争关系，即总效益目标和安全效益目标越大成本目标也越大；总效益目标和安全效益目标之间不存在竞争关系，但是存在协同关系，在总效益达到最大时安全效益也达到最大值。尽管总效益最大解获得了最大的总效益和安全效益，但是灰绿雨水设施的规模和成本也显著增加；权衡解通过权衡效益和成本之间的关系，获得了较为合适的灰绿雨水设施的规模和成本。并且，权衡解的调蓄池配置比例是所有解中最小的，表明权衡解倾向于配置更多的绿色基础设施，在实际配置中配置绿色基础设施更具优势。建设灰绿雨水设施能够产生较好的效益成本比，在实际建设中需要权衡效益和成本之间的关系，选择最佳的设施种类和规模。

（2）在 SSP1-2.6 情景、SSP2-4.5 情景、SSP5-8.5 情景下，优化方案的总效益目标（或安全效益目标）和成本目标之间呈现出明显的竞争关系，并且这种竞争关系不会随着降雨情景的变化而变化，即在所有未来情景下总效益目标和安全效益目标越大的同时无法实现成本目标越低。此外，在所有灰绿雨水设施优化决策模型的求解结果中，SSP2-4.5 情景下获得的总效益分布范围最小，所有模型的成本和安全效益分布范围没有明显的差异。此外，由于权衡解不仅权衡了效益和成本之间的关系，并且其对溢流削减以及污染负荷削减效果较显著，因此在实际配置中，应重点关注权衡解，以获得效益和成本最佳的灰绿雨水设施配置方案。

（3）未来三种气候变化情景均降低了传统策略下雨水系统的弹性，降雨强度增加 15.85% ~ 29.85%，将导致雨水系统弹性降低 5.69% ~ 31.82%。随着重现期的增大，传统策略下研究区域网格为中风险下的弹性由高弹性占主导地位向由中弹性占主导地位转移。传统策略下区域网格高风险下的弹性在重现期小于等于 20 年时，中弹性占主导地位，在重现期大于 20 年时，低弹性占主导地位。配置灰绿雨水设施后的历史情景、SSP1-2.6 情景、SSP2-4.5 情景和 SSP5-8.5 情景下，溢流量及典型污染物的控制效果较好；中风险区面积分别减少了 0.05km^2、0.39km^2、0.41km^2、0.38km^2，高风险区面积分别减少了 0.78km^2、1.36km^2、1.33km^2、1.4km^2。并且，未来情景下灰绿雨水设施优化方案使雨水系统的弹性增加了 54.27% ~ 57.80%，将雨水系统弹性提升至 0.72 ~ 0.74。灰绿雨水设施策略有效控制了气候变化影响下的城市雨洪及面源污染，提高了雨水系统应对气候变化的弹性。

第6章 基于未来情景的灰绿雨水设施适应性优化配置研究

在上一章中建立了不同降雨情景下的灰绿雨水设施优化决策模型，获得了不同降雨条件下的灰绿雨水设施最优配置比例（即优化方案）。在不同的优化决策模型下，得到的灰绿雨水设施最优配置比例也不同。但是，在实际的配置中，只能选择一种灰绿雨水设施配置方式，以应对不同的降雨情景。基于此，本章首先分析上一章建立的优化决策模型的目标函数对灰绿雨水设施配置比例以及降雨量变化的敏感性，确定影响灰绿雨水设施配置的关键因素；其次，分析灰绿雨水设施优化方案应对未来降雨的有效性；最后，基于适应性决策理论，建立灰绿雨水设施适应性优化决策模型，得到应对未来降雨不确定性的灰绿雨水设施最优配置比例（即适应性方案）。

6.1 研究方法

6.1.1 基于方差分解的敏感性分析方法

在城市雨水系统规划设计中会存在大量的设计变量，但是并非所有的设计变量都会对设计产生重大影响，多余的设计变量会显著增加设计的难度。通过敏感性分析，可以分别确定影响性能指标的关键自变量及其影响的大小。如果自变量不会严重影响任何性能指标，则可以将其固定为常数值，从而提高模型效率。基于方差分解的敏感性分析方法是对输入变量对应输出变量的不确定性进行分解，通过考虑各变量之间的相互作用，以量化输入变量的不确定性对模型结果的影响。基于此，本书采用了能够考虑非线性及相互作用效应的Sobol全局敏感性分析方法[190]。

Sobol全局敏感性分析方法利用方差分解分别量化不同参数、输入变量对模型结果的影响，计算公式见式（6-1）：

$$V(y)=\sum_{i=1}^{m}V_i+\sum_{i<j}^{m}V_{ij}+\cdots\cdots+V_{1,\ 2\cdots\cdots m} \qquad (6\text{-}1)$$

Sobol 全局敏感性分析方法中的各阶敏感度为相应各阶的方差除以总的方差，一阶敏感度 S_i 表示单一模型的参数对模型输出结果的影响，其计算公式见式（6-2）：

$$S_i=\frac{V_i}{V(y)} \qquad (6\text{-}2)$$

式中　$V(y)$——模型敏感性的总方差；

V_i——不确定性参数 x_i 的一阶方差；

V_{ij}——x_i 和 x_j 的二阶方差；

$V_{1,\ 2\cdots\cdots m}$——模型 m 个参数的 m 阶方差；

S_i——一阶敏感度。

灰绿雨水设施配置效益不仅受配置规模的影响，而且受不同降雨情景的影响。未来降雨情景的不确定性主要包括 CMIP6 情景下不同重现期的降雨量和降雨频次，在敏感性分析中，由于未来不同重现期下的降雨频次在不同情景之间差异较小，因此降雨情景对敏感性的影响仅考虑降雨量的变化。鉴于此，在配置规模以及降雨的不确定性同时作用下，采用 Sobol 全局敏感性分析方法，研究哪一个因素是影响灰绿雨水设施配置效果的主导因素，进一步明确灰绿雨水设施配置需要重点关注的影响因素。此外，由于 Sobol 全局敏感性分析方法采用了蒙特卡罗抽样方法，敏感性受到样本大小的影响，因此在计算过程中依次对样本集合中的数据进行计算，逐步增加敏感性的评估次数，以保证敏感性的计算结果能收敛到合理的值，计算得到的值大于 0.2 表示具有敏感性。

6.1.2　适应性决策理论及方法

适应性决策理论是在不完全信息条件下，运用科学方法做出适合不同客观情况的策略。在目前的研究中，适应性决策理论已经被应用于水资源系统应对未来气候变化及人类活动等导致的不确定性。常见的适应性决策方法包括稳健决策（RDM）、决策缩放和信息差距（Info-Gap）理论。GHODSI 等 [191] 通过使用 Info-Gap 理论评估 SWMM 参数的不确定性，将不确定性纳入决策过程中，结果表明，在决策过程中考虑 SWMM 参数不确定性能够获得适应不确定性的决策。MOALLEMI 等 [192] 比较了两种适应性决策方法，即 RDM 和 Epoch-Era，表明不同方法产生的效果由具体问题的差异决定，但是基于稳健性的 RDM 方法能够在决策者对未来信息缺乏认知的情况下运行良好。

KASPRZYK 等 [193] 提出了多目标稳健性决策框架（MORDM），该框架通过将 RDM 与多目标优化算法相结合，解决在不确定性条件下的多目标优化问题。

MORDM 分析不确定性的主要步骤包括确定不确定因素并建立未来状态，使用稳健评估方法评估稳健性，发现情景等。在所有适应性及稳健性决策方法中，MORDM 可以直观地分析和量化决策的稳健性，并针对不确定性评估不同目标函数的效益。REN KANG 等[194]使用 MORDM 来确定供水系统的稳健性运行规则，结果表明，MORDM 能够在不确定性条件下提高供水系统调度规则的性能。MEYSAMI ROJIN 等[195]使用了一个集成 SWAT 和 MORDM 的适应性决策框架，研究了抵抗系统不确定性的适应性负荷分配策略。HERMAN 等[196]从基于后悔度和满意度的角度评估了水资源系统应对不确定性的稳健性。此外，适应性决策方法的有效性在很大程度上取决于管理者/利益相关者的设计偏好以及气候情景的选择，在实际应用中需要依据问题的特点，选择合适的方法。

由于建立不同降雨情景下优化决策模型得到的最优灰绿雨水设施配置规模均存在一定的差异，因此在实际进行灰绿雨水设施配置时，如何确定一个既能在成本效益方面可接受，又能有效应对未来降雨的不确定性的设施规模，是目前灰绿雨水设施配置中面临的一个重要问题。并且，不同的设施类别和降雨量级对效益和成本目标函数的影响存在显著差异，使得在配置灰绿雨水设施中选择合适设施的规模成为难题。因此，本书基于 MORDM 适应性决策理论，提出适应未来降雨不确定性的优化决策模型，通过求解该模型得到灰绿雨水设施配置的最佳规模。

6.2 优化决策模型对不确定性的敏感性分析

6.2.1 基于历史降雨情景的优化决策模型敏感性

图 6-1 为基于历史降雨的优化决策模型对降雨量变化和灰绿雨水设施配置不确定性的敏感性。其中，图 6-1（a）、（c）和（e）分别为不同目标函数对不确定性的敏感性收敛结果，随着敏感性评估次数的增加，敏感性值趋于稳定，在达到最大的评估次数时敏感性收敛到一个确定的值。

图 6-1（b）、（d）和（f）分别为不同目标函数的敏感性，目标函数 1（即总效益最大目标函数）除了对透水铺装的敏感性小于 0.5 外，对其余不确定性因素的敏感性均大于 0.5。总效益最大目标函数受到降雨量变化的影响最大，其敏感性值超过了 0.7，其次分别为绿色屋顶、雨水花园和调蓄池。目标函数 2（即成本最小目标函数）对大部分不确定性因素的敏感性均较小，其对降雨量变化的敏感性为 0.15，但是对雨水花园的敏感性大于 0.5。目标函数 3（即安全效益最大目标函数）对所有不确定性因素均呈现出敏感性，但是所有的敏感性均小于 0.5，对绿色基础设施（即雨水花园、绿色屋顶和透水铺装）的敏感性显著大于对灰色基础设施（即调蓄池）的敏感性。以上结果表明，不同的目标函数对不确定性因素的敏感性存在显著差异；由于降雨量变

化通过影响灰绿雨水设施配置来间接影响成本目标，所以成本目标对降雨量变化的敏感性不显著；效益目标不仅受到降雨量变化的影响，还受到灰绿雨水设施配置规模的影响。

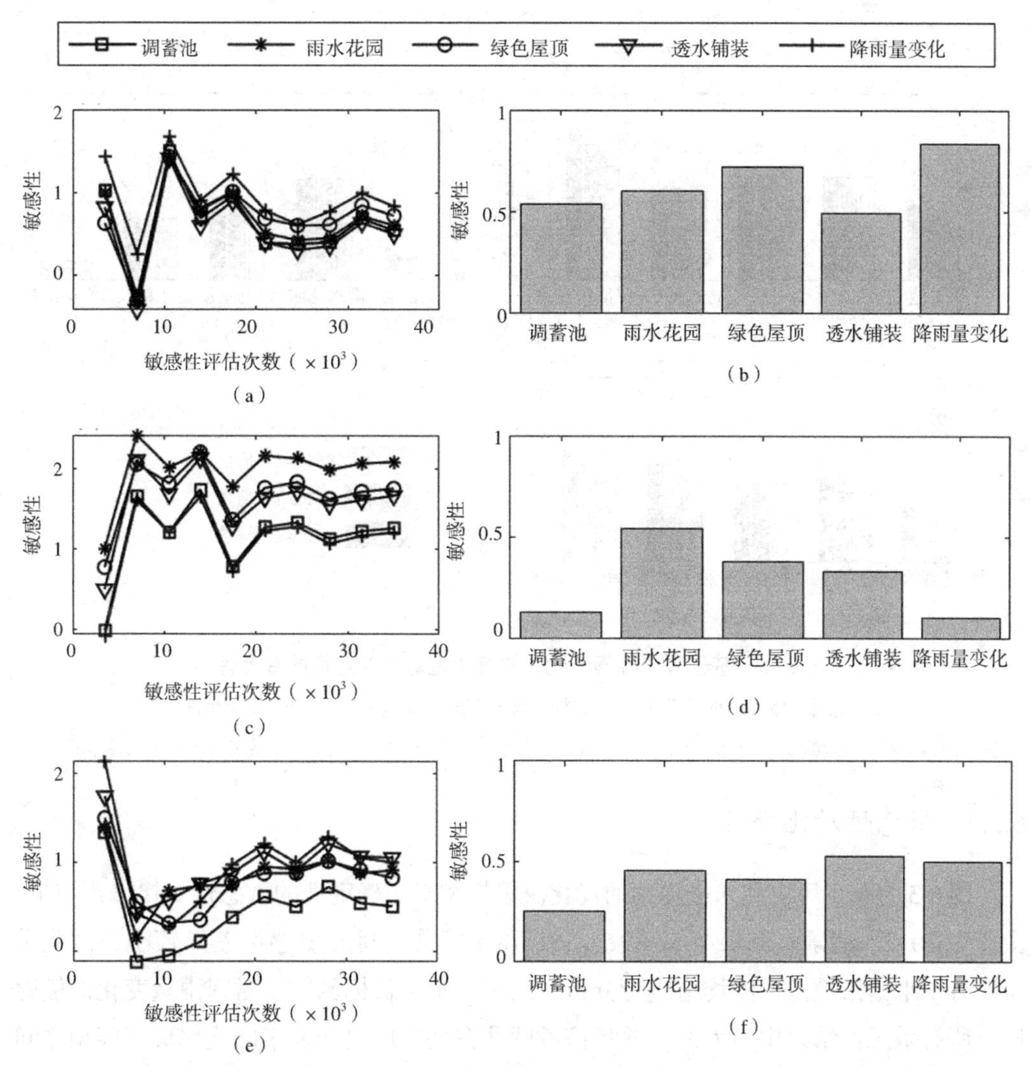

图 6-1　基于历史降雨的优化决策模型对降雨量变化和灰绿雨水设施配置不确定性的敏感性

（a）目标函数 1 对不确定性敏感性收敛结果；（b）目标函数 1 的敏感性；（c）目标函数 2 对不确定性敏感性收敛结果；（d）目标函数 2 的敏感性；（e）目标函数 3 对不确定性敏感性收敛结果；（f）目标函数 3 的敏感性

注：目标函数 1 为总效益最大目标函数，目标函数 2 为成本最小目标函数，目标函数 3 为安全效益最大目标函数。

6.2.2　基于未来降雨情景的优化决策模型敏感性

图 6-2（a）、（b）和（c）分别为不同目标函数下的敏感性。目标函数对不确定性因素的敏感性在不同的未来降雨情景下没有显著差异，目标函数 1 对降雨量变化的敏感性最强，对其他不确定性因素的敏感性均大于 0.4；目标函数 2 对雨水花园的敏感

性最强，敏感性大于0.5，对降雨量变化的敏感性最小；目标函数3对降雨量变化的敏感性最大，对调蓄池的敏感性最小。综上所述，由于降雨量变化通过影响灰绿雨水设施配置来间接影响成本目标，因此成本目标对降雨量变化的敏感性不显著；效益目标不仅受到降雨量变化的影响，还受到灰绿雨水设施配置规模的影响。

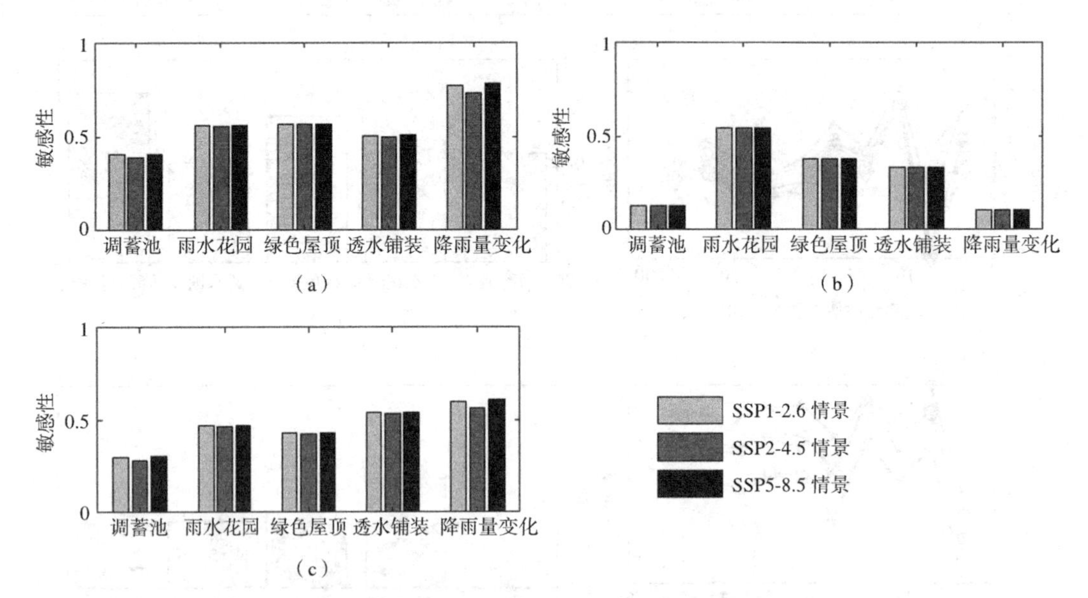

图6-2　基于未来降雨的优化决策模型对不确定性的敏感性

（a）目标函数1的敏感性；（b）目标函数2的敏感性；（c）目标函数3的敏感性

注：目标函数1为总效益最大目标函数，目标函数2为成本最小目标函数，目标函数3为安全效益最大目标函数。

6.2.3　敏感性对比分析

图6-3为基于历史和未来降雨的优化决策模型对不确定性的敏感性对比分析结果，由于SSP1-2.6情景、SSP2-4.5情景、SSP5-8.5情景之间的敏感性差异较小，因此采用所有未来情景敏感性的均值进行分析。结果显示，目标函数1对降雨量变化的敏感性是所有敏感性结果中最大的，并且该敏感性在基于历史和未来的优化决策模型之间的差异较小，均呈现出较强的敏感性。降雨量变化对目标函数2的影响是所有敏感性结果中最小的，在基于历史和未来的优化决策模型之间不存在显著差异，并且该目标函数对绿色基础设施（即雨水花园、绿色屋顶和透水铺装）的敏感性显著高于其对灰色基础设施（即调蓄池）的敏感性。目标函数3对所有不确定性因素的敏感性均较大，对调蓄池的敏感性最小。

综上所述，对比基于历史和未来降雨的优化决策模型对不确定性的敏感性，结果表明，不同的目标函数对不确定性因素的敏感性存在显著差异，成本目标对降雨量变化的敏感性不显著，效益目标不仅受到降雨量变化的影响，还受到灰绿雨水设施配置规模的影响。并且，上述结果在历史和未来的优化决策模型之间不存在显著的差异性，在实际的灰绿雨水设施配置过程中，需要重点关注对目标函数影响最大的不确定性因素，即考虑总效益目标和安全效益目标时重点关注降雨量变化的影响，考虑成本目标时重点关注灰绿雨水设施配置的影响。

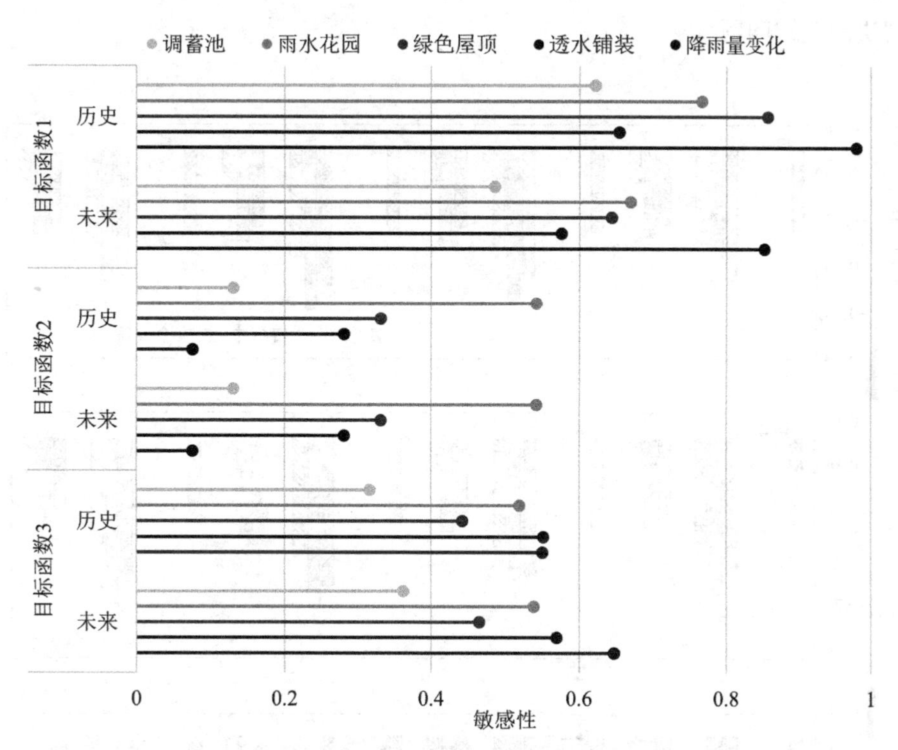

图 6-3　基于历史和未来降雨的优化决策模型对不确定性的敏感性对比分析

注：目标函数 1 为总效益最大目标函数，目标函数 2 为成本最小目标函数，目标函数 3 为安全效益最大目标函数。

6.3　基于不确定性的灰绿雨水设施配置适应性决策研究

6.3.1　优化方案应对未来降雨的有效性分析

为了验证在第 5 章得到的灰绿雨水设施最优配置是否能有效应对未来不同降雨情景下的不确定性，通过计算优化决策模型的目标函数，对最优配置结果进行了重新评估，结果如图 6-4 所示。

图 6-4 为优化方案的每一个最优解在应对所有未来降雨情景下效益减少或成本增加的比例。结果显示，在优化方案下，几乎所有的目标函数在未来降雨情景中都表现出效益减少、成本均增加的趋势。并且，效益减少和成本增加的幅度在不同的未来降雨情景下没有显示出显著的差异。此外，在基于未来情景的优化决策模型下，效益减少和成本增加的幅度比历史情景的优化决策模型要更加显著。成本目标在所有优化方

案下增加的幅度最大，相比最优配置，在未来降雨情景下成本最大增加了70%，效益最小减少了约60%。上述结果表明，如果在优化决策模型中考虑单独的降雨情景，得到的最优配置很难应对未来不同降雨情景的不确定性，即得到的灰绿雨水设施最优配置方案很难应对未来降雨情景。因此，是否存在一个最佳的灰绿雨水设施配置，能够适应未来的降雨量变化，并且在降雨不确定性下保持最佳的效益和最低的成本，是本书要解决的关键问题。

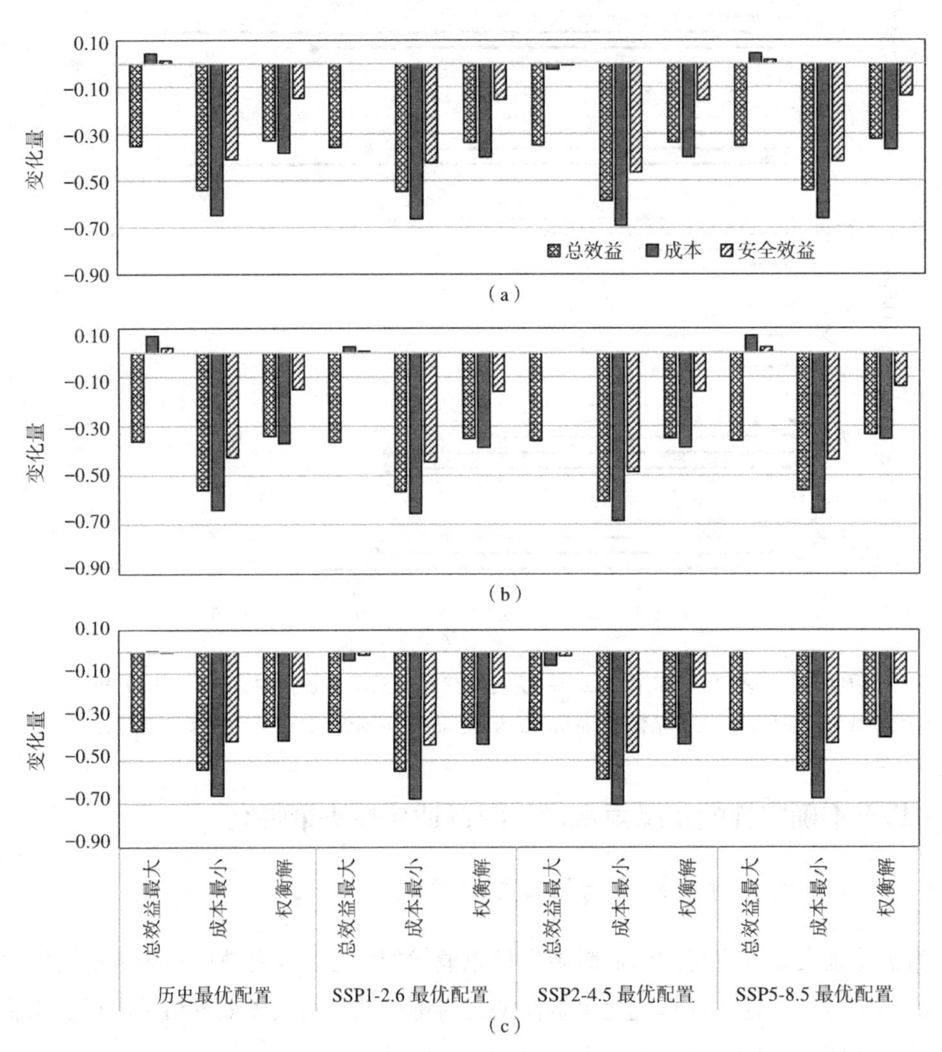

图 6-4 优化方案应对未来降雨的效益减少或成本增加的比例

(a) SSP1-2.6 情景；(b) SSP2-4.5 情景；(c) SSP5-8.5 情景

6.3.2 考虑降雨不确定性的灰绿雨水设施适应性决策研究

1. 适应性优化决策模型的建立及求解

上一节的研究结果表明，在单一的降雨情景下对灰绿雨水设施的配置进行优化，即使在最优解的条件下，如果降雨量发生变化，那么灰绿雨水设施配置后的效益也会显著降低。正是由于降雨不确定性的影响，才导致由第 5 章灰绿雨水设施优化决策模型得到的优化方案难以保证其在未来降雨情景下发挥效益。因此，在灰绿雨水设施优化决策模型的基础上，考虑未来所有降雨情景（即降雨的不确定性），建立基于适应性决策理论的灰绿雨水设施优化决策模型。建立的基于适应性决策理论的灰绿雨水设施优化决策模型，在未来不确定性降雨条件下，保证灰绿雨水设施配置后的成本最小、总效益最大、安全效益最大。该模型计算主要包括两个步骤：①在 CMIP6 模拟的未来降雨不确定性集合 T 下，计算每一个降雨情景 t 的灰绿雨水设施配置后的总效益 f_1、成本 f_2 及安全效益 f_3；②依据适应性决策理论，得到在所有降雨情景下的总效益、成本及安全效益的适应性度量值 $T(f_1, f_2, f_3)$。该适应性优化决策模型和传统的优化决策模型存在显著差异，传统的优化决策模型将步骤①计算得到的效益和成本作为目标函数，通过优化算法进行求解后得到效益最大和成本最小目标的最优解。然而，本书建立的适应性优化决策模型在每一个降雨情景下，首先计算效益和成本目标函数后，然后采用适应性决策理论中基于期望（效益或成本的平均值）的稳健性指标[197]，将所有降雨不确定性集合 T 下的目标函数转化为适应性目标函数 $T(f_1, f_2, f_3)$。该模型的结构如图 6-5 所示。基于适应性和稳健性决策理论的目标函数见式（6-3）。

$$\begin{cases} T(f_1) = \max \dfrac{1}{T}\sum_{t=1}^{T}\left[\sum_{i=1}^{9} w_{i,t} V_{i,t} f(x)\right] \\ T(f_2) = \min \dfrac{1}{T}\sum_{t=1}^{T}\left[\sum_{i=10}^{13} w_{i,t} M_{i,t} xA\right] \\ T(f_3) = \max \dfrac{1}{T}\sum_{t=1}^{T}\left[\sum_{i=4}^{6} w_{i,t} S_{i,t} f(x)\right] \end{cases} \tag{6-3}$$

式中　$T(f_1)$、$T(f_2)$和 $T(f_3)$——分别为总效益、成本及安全效益的适应性目标函数值；

T——CMIP6 模拟的未来降雨不确定性集合；

t——单一的未来降雨情景（即 SSP1-2.6 情景、SSP2-4.5 情景或 SSP5-8.5 情景）；

其他符号意义同式（5-1）。

在上述适应性优化决策模型中，决策变量为调蓄池、雨水花园、绿色屋顶和透水铺装的配置比例 x_1、x_2、x_3 和 x_4。适应性优化决策模型的约束条件和 5.2.1 节优化决策模型的约束条件一致，即对于改扩建项目年径流污染物总量削减率（以悬浮物 SS 计）不宜小于 40%；单个灰色基础设施的体积比例不超过最大蓄水体积的 100%，单个绿色基础设施的配置面积比例不超过子汇水区面积的 12%。

适应性优化决策模型的求解方法依旧采用多目标优化算法 NSGA-Ⅱ，优化算法的种群大小设置为 500，最大迭代次数为 1000。采用 *HV* 指标对适应性优化决策模型的多目标优化结果进行计算，以评估模型的收敛性。

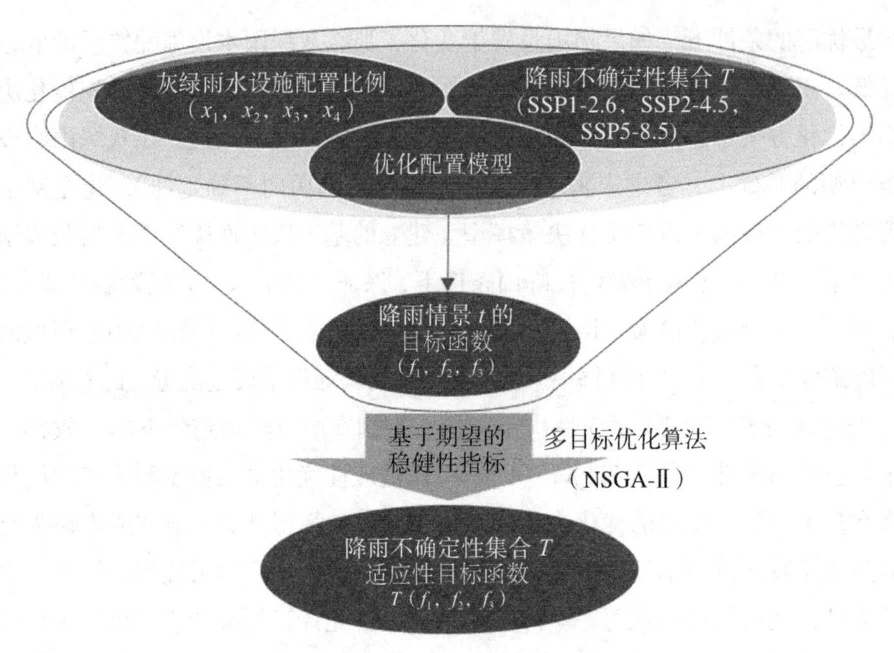

图 6–5　基于适应性决策理论的灰绿雨水设施优化决策模型结构

2. 适应性优化决策模型的求解结果

在未来降雨不确定性情景下，适应性优化决策模型收敛性及求解结果如图 6-6 所示。由图 6-6（a）可知，适应性优化决策模型的收敛性和第 5 章优化决策模型的收敛性相比没有发生显著的变化，即在模型达到最大迭代次数时，适应性优化决策模型目标函数的 *HV* 先是快速上升，然后保持稳定；在达到 1000 次迭代次数时，模型已经收敛，并且模型的 *HV* 稳定在 0.9 左右，因此求解得到的灰绿雨水设施配置的效益、成本、规模，结果合理。

由图 6-6（b）可知，适应性优化决策模型的总效益最大目标函数和安全效益最大目标函数呈现出显著的一致性，即总效益目标越大安全效益目标也越大；而总效益最大目标函数（或安全效益最大目标函数）和成本最小目标函数之间存在着显著的竞争关系，即总效益目标（或安全效益目标）越大无法满足成本越低的要求。上述结果表明，尽管适应性优化决策模型考虑了未来降雨的不确定性，但是目标函数之间的关系与优化决策模型保持一致。此外，适应性优化决策模型目标函数的值相比优化决策模型，成本最小目标有所增加，但是总效益或安全效益最大目标基本不变。成本最小解的总效益为 8299.80 万元，分别为权衡解（即 Pareto 曲线的转折点）和效益最大解（即总效益或安全效益）总效益的 60% 和 53%；但是，成本最小解的成本为 1719.40 万元，分别为权衡解和效益最大解（总效益或安全效益）成本的 50% 和 30%。上述结果表明，效益增加时成本也会增加，在实际的灰绿雨水设施配置中需要充分考虑成本和效益之间的权衡关系，以达到设施发挥显著的成本效益。

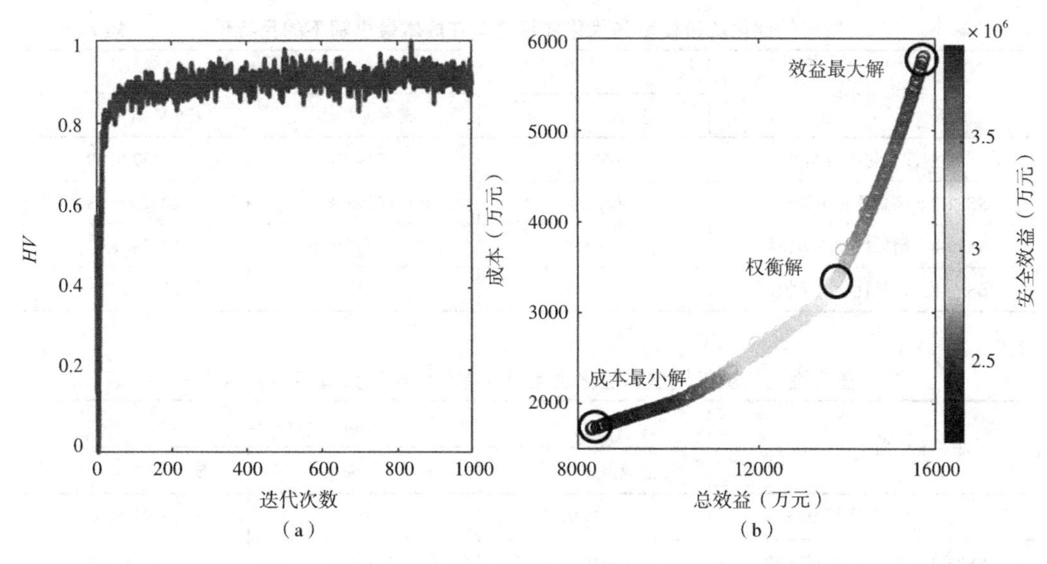

图 6–6　适应性优化决策模型收敛性及求解结果分析

（a）收敛性分析；（b）求解结果

3. 适应性优化决策模型和优化决策模型的目标函数对比分析

表 6-1 和表 6-2 分别为适应性优化决策模型和优化决策模型在成本最小解及总效益最大解下的目标值（由图 6-6 得到）。由于总效益最大解和安全效益最大解的规律较一致，所以本小节主要分析总效益最大解的目标函数。结果显示，SSP5-8.5 情景优化决策模型的成本最小解及总效益最大解的总效益目标值（分别为 9050.96 万元、15837.00 万元），均大于其他未来情景下优化决策模型的总效益目标值，SSP2-4.5 情景优化决策模型的总效益目标值最小（成本最小解及总效益最大解的总效益目标值分别为 7579.89 万元、14930.60 万元）。总效益最大解的总效益目标值平均为成本最小解的总效益目标值的 1.83 倍，总效益最大解的安全效益目标值平均为成本最小解的安全效益目标值的 1.81 倍，但是总效益最大解的成本目标值平均为成本最小解的成本目标值的 3.14 倍。此外，总效益最大解的总效益及成本目标值相比成本最小解的相应目标值的增量，在不同优化决策模型之间没有显著的差异。结果表明，在灰绿雨水设施配置中，成本和效益（即总效益或安全效益）目标之间，呈现出不成比例的增长关系，即效益和成本目标之间的竞争关系为非线性。在实际的灰绿雨水设施配置中，由于这种非线性的影响，导致选择效益最大解时，灰绿雨水设施配置的施工和维护成本显著增加，并且成本增加的幅度远大于效益增加的幅度。如何在实际配置中权衡效益和成本的关系，是实现灰绿雨水设施最优配置的关键。因此，进一步选择效益和成本的权衡解进行分析，结果如表 6-3 所示。

适应性优化决策模型和优化决策模型在成本最小解下的目标值　　表 6-1

成本最小解	目标值		
	总效益（万元）	成本（万元）	安全效益（万元）
适应性优化决策模型	8299.80	1719.40	2113200.39
SSP1-2.6 情景优化决策模型	8799.02	1839.60	2231394.13
SSP2-4.5 情景优化决策模型	7579.89	1685.79	1927901.17
SSP5-8.5 情景优化决策模型	9050.96	1857.06	2317097.25

适应性优化决策模型和优化决策模型在总效益最大解下的目标值　　表 6-2

总效益最大解	目标值		
	总效益（万元）	成本（万元）	安全效益（万元）
适应性优化决策模型	15727.70	5802.91	3939109.07
SSP1-2.6 情景优化决策模型	15310.72	5470.50	3880989.48
SSP2-4.5 情景优化决策模型	14930.60	5343.82	3734372.95
SSP5-8.5 情景优化决策模型	15837.00	5713.85	3997843.85

适应性优化决策模型和优化决策模型在权衡解下的目标值　　表 6-3

权衡解	目标值		
	总效益（万元）	成本（万元）	安全效益（万元）
适应性优化决策模型	13868.18	3460.87	3329226.57
SSP1-2.6 情景优化决策模型	13400.80	3279.83	3279199.76
SSP2-4.5 情景优化决策模型	13025.65	3287.47	3142645.57
SSP5-8.5 情景优化决策模型	14006.48	3465.69	3411416.71

由表 6-3 可知，适应性优化决策模型相比 SSP5-8.5 情景优化决策模型的总效益降低了 138.30 万元，但是比 SSP1-2.6 情景和 SSP2-4.5 情景优化决策模型的总效益分别提高了 467.38 万元和 842.53 万元。此外，适应性优化决策模型的成本目标值低于 SSP5-8.5 情景优化决策模型的成本目标值，但是高于 SSP1-2.6 和 SSP2-4.5 情景优化决策模型的成本；适应性优化决策模型的安全效益目标值高于 SSP1-2.6 情景和 SSP2-4.5 情景优化决策模型，但是低于 SSP5-8.5 情景优化决策模型。综合表 6-3 和图 6-6 可知，尽管 SSP5-8.5 情景优化决策模型的效益高于适应性优化决策模型，但是其并不能适应未来降雨量的变化，在不同的未来降雨情景下，SSP5-8.5 情景优化决策模型的效益将会显著降低。因此，适应性优化决策模型不仅权衡了效益和成本目标之间的冲突关系，而且能够适应未来降雨量的变化，保证灰绿雨水设施的配置效果，对于指导实际的规划设计具有重要意义。

为了进一步验证适应性优化决策模型应对未来降雨量变化的效益，采用蒙特卡罗抽样算法对未来的降雨量变化进行抽样，获得未来降雨量变化不确定性情景集合，将其作为输入变量。在适应性优化决策模型得到灰绿雨水设施最优配置比例下，模拟得到总效益和安全效益的分布（图 6-7）。结果表明，在未来降雨量变化不确定性情景集合下，总效益的累计概率分布之间的差异较大，而安全效益的累计概率分布之间差异较小。但是，适应性权衡解的总效益以及安全效益的累计概率分布均大于其他情景权衡解的累计概率分布。这表明，相比优化决策模型，通过适应性优化决策模型获得的灰绿雨水设施最优配置比例，在未来降雨量变化不确定性集合下表现出了良好的适用性，能够应对未来降雨量的变化。

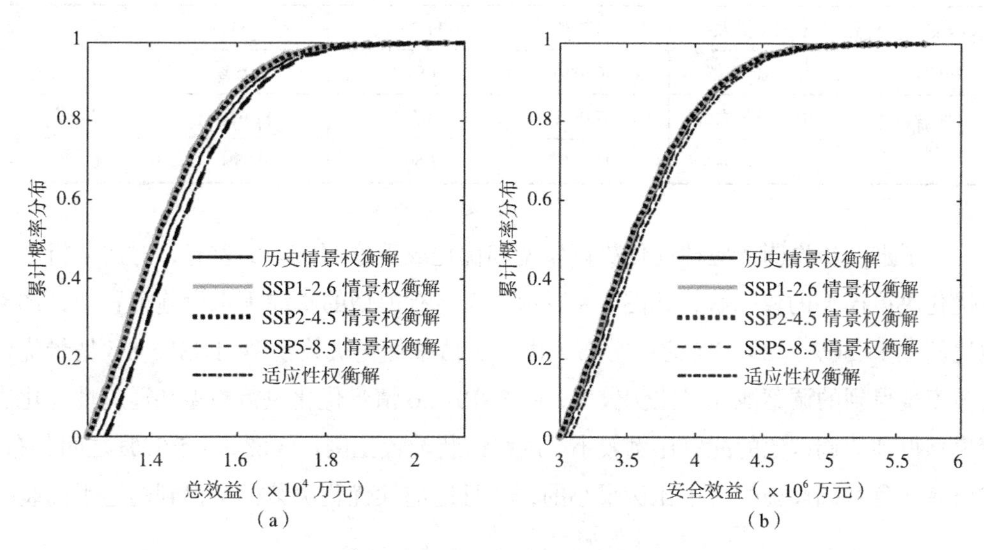

图 6-7　适应性优化决策模型和优化决策模型的效益目标对比分析

（a）总效益；（b）安全效益

4. 考虑降雨不确定性的灰绿雨水设施适应性配置

表 6-4 为适应性优化决策模型及优化决策模型总效益最大解和成本最小解的灰绿雨水设施配置比例（优化变量）。结果显示，在总效益最大解下，适应性优化决策模型的调蓄池配置比例最大，为 87.09%，而 SSP1-2.6 情景优化决策模型最小，为 75.63%。此外，在成本最小解下，调蓄池配置比例为总效益最大解下调蓄池配置比例的 50% 左右。并且，在总效益最大解下，适应性优化决策模型的透水铺装配置比例最小，为 7.46%；适应性优化决策模型的雨水花园和绿色屋顶配置比例最大，分别为 11.61%、11.67%。但是，成本最小解下的灰绿雨水设施配置比例，在不同的优化决策模型之间未显示出显著的差异。为了适应未来气候变化，仍需配置大规模的调蓄池、雨水花园和绿色屋顶，这与 HER YOUNGGU 等 [198] 的研究类似。证明了雨水花园和绿色屋顶的成本与效益较好，而透水铺装在各方面的效益不如雨水花园和绿色屋顶好。

适应性优化决策模型和优化决策模型总效益最大解和成本最小解的灰绿雨水设施配置比例　表 6-4

决策模型	最优解	灰绿雨水设施配置比例			
		调蓄池	雨水花园	绿色屋顶	透水铺装
历史情景优化决策模型	总效益最大解	79.99%	11.49%	9.32%	8.99%
	成本最小解	40.40%	2.11%	2.82%	0.70%
SSP1-2.6 情景优化决策模型	总效益最大解	75.63%	11.14%	10.27%	8.55%
	成本最小解	46.38%	0.45%	1.30%	0.66%
SSP2-4.5 情景优化决策模型	总效益最大解	85.25%	11.49%	11.12%	7.89%
	成本最小解	38.89%	3.18%	1.73%	1.22%
SSP5-8.5 情景优化决策模型	总效益最大解	85.77%	11.35%	11.11%	7.93%
	成本最小解	40.68%	1.91%	2.95%	1.84%
适应性优化决策模型	总效益最大解	87.09%	11.61%	11.67%	7.46%
	成本最小解	41.13%	2.60%	0.88%	0.46%

为了进一步说明适应性优化决策模型和优化决策模型之间的差异，对比分析了所有优化决策模型的权衡解，如图 6-8 所示。在所有模型的灰绿雨水设施配置中，调蓄池比例在 19.30% ~ 23.63% 之间分布，由历史情景优化决策模型和 SSP5-8.5 情景优化决策模型得到的调蓄池配置比例较大，而 SSP1-2.6 情景优化决策模型和适应性优化决策模型得到的调蓄池的配置比例较小。透水铺装配置比例在 3.63% ~ 5.59% 之间分布，是所有绿色基础设施配置中比例最小的，并且适应性优化决策模型得到的透水铺装配

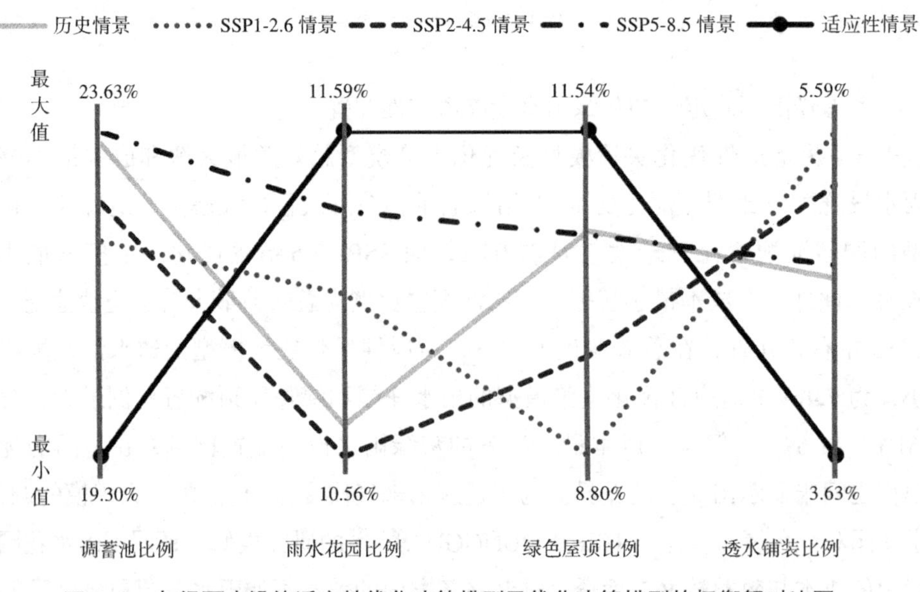

图 6-8　灰绿雨水设施适应性优化决策模型及优化决策模型的权衡解对比图

置比例最小。此外，在绿色基础设施配置中，适应性优化决策模型的雨水花园和绿色屋顶配置比例是最大的，并且，调蓄池以及透水铺装的配置比例也是所有决策模型中最小的。最终确定的适应性优化决策模型权衡解的配置方案为：调蓄池（19.30%）+雨水花园（11.59%）+绿色屋顶（11.54%）+透水铺装（3.63%）。以上结果表明，考虑降雨量变化不确定性的灰绿雨水设施适应性配置主要倾向于配置更多的绿色基础设施（即雨水花园和绿色屋顶），减少灰色基础设施（即调蓄池）的配置比例。绿色基础设施在适应不断变化的环境方面表现出最好的效果[199，200]，而灰色基础设施则不太适应不断变化的环境[201]。在实际配置中，绿色基础设施不仅比灰色基础设施的成本低，并且能起到控制径流、污染物以及提供绿色城市空间的作用，因此配置更多的绿色基础设施在降低成本的同时，更加容易被决策者和公众接受。

6.4　基于不确定性的灰绿雨水设施配置适应性效果评估

本节主要针对灰绿雨水设施适应性方案❶的权衡解，即 19.30% 调蓄池 +11.59% 雨水花园 +11.54% 绿色屋顶 +3.63% 透水铺装，进行溢流量、典型污染物负荷、内涝风险和雨水系统弹性等效果评估。

6.4.1　适应性方案对溢流量及典型污染物负荷的控制效果

表 6-5～表 6-7 分别为相比传统策略，历史情景方案（即 23.47% 调蓄池 +10.66% 雨水花园 +10.70% 绿色屋顶 +4.70% 透水铺装）、SSP1-2.6 情景方案（即 22.17% 调蓄池 +11.08% 雨水花园 +8.80% 绿色屋顶 +5.59% 透水铺装）、SSP2-4.5 情景方案（即 22.68% 调蓄池 +10.56% 雨水花园 +9.64% 绿色屋顶 +5.27% 透水铺装）、SSP5-8.5 情景方案（即 23.63% 调蓄池 +11.34% 雨水花园 +10.67% 绿色屋顶 +4.78% 透水铺装）和适应性方案（即 19.30% 调蓄池 +11.59% 雨水花园 +11.54% 绿色屋顶 +3.63% 透水铺装）的权衡解对溢流量、COD 和 SS 负荷削减效果评估结果，以及不同方案削减效果的对比结果。

表 6-5～表 6-7 的结果显示，历史情景的适应性方案对溢流削减的效果最显著，并且溢流削减的效果随着降雨情景和重现期的变化而变化。随着降雨情景由 SSP1-2.6 到 SSP5-8.5，其降雨量也呈现出增加的趋势，因此适应性方案对溢流削减的效益也随之降低。这一结果表明，灰绿雨水设施的有效性取决于未来气候变化的特征[80]。此外，随着重现期由 2 年增加到 50 年，降雨量也增加，因此溢流削减的效益在所有适应性方案中都呈现出降低的趋势，适应性情景的权衡解使溢流削减率由 116.26% 降低到

❶　适应性优化决策模型简称适应性方案，优化决策模型简称优化方案。

不同方案的溢流削减率（相比传统策略） 表 6-5

情景	最优解	重现期（年）				
		2	5	10	20	50
历史	总效益最大解	280.26%	98.76%	66.29%	49.89%	31.68%
	成本最小解	77.20%	27.20%	18.26%	13.74%	8.73%
	权衡解	202.40%	71.33%	47.87%	36.03%	22.88%
SSP1-2.6	总效益最大解	157.16%	66.96%	46.76%	35.94%	27.52%
	成本最小解	39.61%	16.87%	11.78%	9.06%	6.93%
	权衡解	114.27%	48.68%	34.00%	26.13%	20.01%
SSP2-4.5	总效益最大解	184.09%	70.94%	48.58%	37.08%	28.24%
	成本最小解	34.46%	13.28%	9.10%	6.94%	5.29%
	权衡解	135.07%	52.05%	35.65%	27.21%	20.72%
SSP5-8.5	总效益最大解	153.96%	66.15%	46.28%	35.65%	27.31%
	成本最小解	39.67%	17.05%	11.92%	9.19%	7.04%
	权衡解	114.07%	49.01%	34.29%	26.41%	20.24%
适应性	总效益最大解	159.12%	68.21%	48.35%	37.11%	28.25%
	成本最小解	30.33%	13.47%	10.23%	7.35%	6.33%
	权衡解	116.26%	50.35%	35.41%	27.28%	21.37%

不同方案的 COD 负荷削减率（相比传统策略） 表 6-6

情景	最优解	重现期（年）				
		2	5	10	20	50
历史	总效益最大解	145.04%	146.93%	148.39%	149.89%	153.47%
	成本最小解	40.35%	40.88%	41.29%	41.70%	42.70%
	权衡解	105.35%	106.72%	107.79%	108.87%	111.47%
SSP1-2.6	总效益最大解	141.21%	143.58%	145.41%	147.29%	149.85%
	成本最小解	35.89%	36.49%	36.69%	37.44%	38.09%
	权衡解	102.67%	104.39%	105.72%	107.09%	108.95%
SSP2-4.5	总效益最大解	140.26%	142.61%	144.42%	146.24%	148.73%
	成本最小解	26.30%	26.74%	27.08%	27.42%	27.89%
	权衡解	103.12%	104.84%	106.18%	107.52%	109.34%
SSP5-8.5	总效益最大解	146.00%	148.53%	150.49%	152.50%	155.24%
	成本最小解	36.40%	37.03%	37.52%	38.02%	38.71%
	权衡解	108.40%	110.28%	111.73%	113.22%	115.26%
适应性	总效益最大解	147.08%	150.07%	152.11%	15.24%	156.32%
	成本最小解	29.32%	29.27%	30.04%	30.00%	31.25%
	权衡解	109.06%	111.29%	112.05%	113.01%	115.33%

21.37%。这种随降雨量增加，溢流量削减效益逐渐降低的趋势，证明了海绵城市灰绿雨水设施在应对极端降雨方面的效果将减弱[202]。因此，溢流量削减效益的大小不仅取决于优化决策模型求解得到的配置比例，还受到降雨量级的影响。但是，适应性情景的溢流削减效益与 SSP1-2.6 情景、SSP2-4.5 情景及 SSP5-8.5 情景相比，在不同的目标函数下差异较小，表明相比优化决策模型，适应性优化决策模型考虑了不确定性后，也能实现较好的溢流削减效益。

由表 6-6 和表 6-7 可知，适应性情景的 COD 及 SS 负荷削减率不随降雨量级的变化而变化，但是不同最优解之间的削减率差异较大。总效益最大解在所有适应性优化决策模型下，均可以得到最佳的 COD 及 SS 负荷削减率，与之相反，成本最小解对 COD 和 SS 负荷的削减率最小。这表明，降雨的量级对 COD 和 SS 负荷削减率影响不显著，但是在不同的最优解下灰绿雨水设施配置规模差异较大。在总效益最大解下，灰绿雨水设施配置的规模是最大的，绿色基础设施中雨水花园和绿色屋顶对 COD 和 SS 负荷的削减率最大，因此可以获得最大的削减效益。权衡解中调蓄池的配置规模是最小的，但是雨水花园和绿色屋顶的配置比例达到最大，可以产生对 COD 和 SS 最大的负荷削减效益。在所有情景下适应性情景的 COD 和 SS 负荷削减率分别为 109.06% ~ 115.33%，107.07% ~ 111.09%。此外，适应性优化决策模型在降雨量变化不确定性下对灰绿雨水设施的配置规模进行了优化，因此由适应性优化决策模型得

不同方案的 SS 负荷削减率（相比传统策略）　　表 6-7

情景	最优解	重现期（年）				
		2	5	10	20	50
历史	总效益最大解	143.77%	145.00%	145.49%	146.89%	149.16%
	成本最小解	39.02%	39.35%	39.61%	39.87%	40.48%
	权衡解	104.14%	105.03%	105.72%	106.41%	108.05%
SSP1-2.6	总效益最大解	141.53%	143.08%	144.27%	145.47%	147.10%
	成本最小解	33.99%	34.36%	34.65%	34.94%	35.33%
	权衡解	103.04%	104.16%	105.03%	105.91%	107.09%
SSP2-4.5	总效益最大解	139.91%	141.44%	142.60%	143.77%	145.35%
	成本最小解	24.64%	24.91%	25.12%	25.32%	25.60%
	权衡解	102.72%	103.84%	104.70%	105.56%	106.71%
SSP5-8.5	总效益最大解	144.47%	146.10%	147.36%	148.62%	150.34%
	成本最小解	35.76%	36.17%	36.48%	36.79%	37.22%
	权衡解	107.22%	108.44%	109.37%	110.31%	111.58%
适应性	总效益最大解	145.40%	147.30%	148.21%	149.22%	151.35%
	成本最小解	28.25%	28.28%	29.35%	29.26%	29.08%
	权衡解	107.07%	108.08%	109.28%	110.25%	111.09%

到的适应性方案对COD和SS负荷削减的效益，能够在不同的未来降雨情景下保持稳定。这证明了在实际规划中，考虑不确定性的灰绿雨水设施配置方案既能适应未来多种降雨情景，又能产生较好的水量水质效益。

综上，在未来气候变化情景中，灰绿雨水设施在控制节点溢流和面源污染方面的效果会降低，尤其是对于更极端的SSP5-8.5情景，灰绿雨水设施的控制效果会更低[7]。

6.4.2 适应性方案对内涝风险的控制效果

以50年重现期为例，分析灰绿雨水设施适应性方案对内涝的控制效果。由表6-8可知，灰绿雨水设施按照适应性方案（权衡解为：19.30%调蓄池+11.59%雨水花园+11.54%绿色屋顶+3.63%透水铺装）布设后，无内涝低风险区域。优化方案与适应性方案的内涝中、高风险网格数、总面积无差异。从内涝风险的空间分布可以看出，在不同情景下，布设灰绿雨水设施后，优化方案与适应性方案内涝风险的分布位置具有一致性，均使得研究区域内中风险和高风险的范围缩小，大部分内涝点消失（图6-9）。考虑气候变化及灰绿雨水设施配置的不确定性得到的适应性方案，可以对多种气候变化和设施配置表现出较强的适应性，降低了城市内涝风险等级。

优化方案与适应性方案50年重现期的内涝风险　　**表6-8**

风险等级	SSP1-2.6		SSP2-4.5		SSP5-8.5	
	中风险	高风险	中风险	高风险	中风险	高风险
优化方案网格数（个）	36041	24823	34503	23330	37356	26288
优化方案面积（km^2）	0.58	0.40	0.55	0.37	0.60	0.42
适应性方案网格数（个）	36039	24843	34499	23349	37356	26312
适应性方案面积（km^2）	0.58	0.40	0.55	0.37	0.60	0.42

以50年重现期为例，得到传统策略及灰绿策略优化方案（SSP1-2.6情景权衡解为：22.17%调蓄池+11.08%雨水花园+8.80%绿色屋顶+5.59%透水铺装；SSP2-4.5情景权衡解为：22.68%调蓄池+10.56%雨水花园+9.64%绿色屋顶+5.27%透水铺装；SSP5-8.5情景权衡解为：23.63%调蓄池+11.34%雨水花园+10.67%绿色屋顶+4.78%透水铺装）和适应性方案（权衡解为：19.30%调蓄池+11.59%雨水花园+11.54%绿色屋顶+3.63%透水铺装）的弹性结果，见表6-9。传统策略雨水系统的弹性值为0.30～0.34。与传统策略相比，适应性方案使雨水系统的弹性提升至0.72～0.74。在面临未来不确定性时，配置灰绿雨水设施可以提升雨水系统的弹性[203]，但是如果没有合适的位置，这种积极的作用可能是有限的。灰绿雨水设施在不同组合、位置和区域下产生的效果不同[204]。一些研究指出，灰绿雨水设施的有效性受许多因素的影响，如降雨过程、土壤类型、土地利用地形、集水区形状、场地条件等[205-207]。也有一些

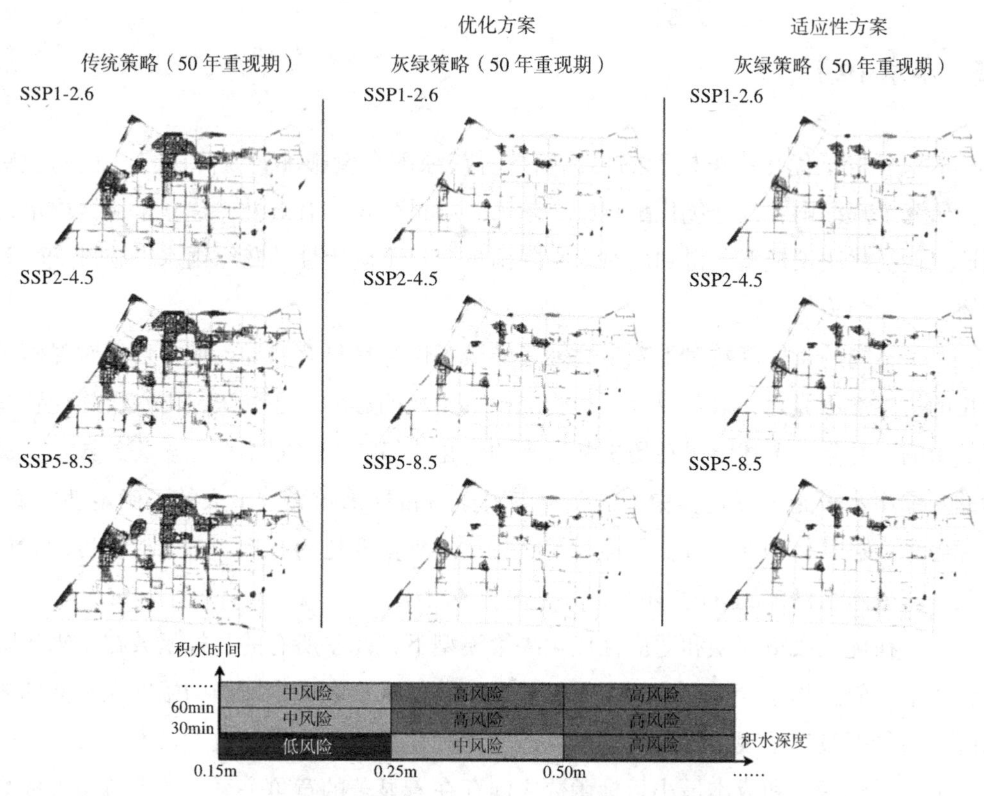

图 6–9　优化方案与适应性方案不同情景的内涝风险空间分布

传统策略与灰绿策略优化方案的弹性结果　　表 6-9

情景		SSP1-2.6	SSP2-4.5	SSP5-8.5
传统策略弹性		0.32	0.34	0.30
优化方案	灰绿策略弹性	0.73	0.74	0.72
	弹性增加百分比	56.18%	54.27%	57.79%
	灰绿策略弹性与传统策略弹性比值	2.28	2.18	2.40
适应性方案	灰绿策略弹性	0.73	0.74	0.72
	弹性增加百分比	56.17%	54.27%	57.79%
	灰绿策略弹性与传统策略弹性比值	2.28	2.19	2.37

研究发现绿色基础设施在低渗透土壤、陡坡或空间不足的地区无效果[61, 208]。三种未来情景下优化方案与适应性方案的弹性增加百分比基本相同，并且其灰绿策略弹性与传统策略弹性比值也基本相同，说明适应性方案得到的灰绿雨水设施配置方式既能抵消未来气候变化的影响，又能提升雨水系统的性能。考虑不确定性的适应性方案与优化方案的设施配置比例不相同，但是能达到同样的内涝及面源污染控制效果，以及同样的弹性提升能力，说明适应性方案适应气候变化的能力较强。

6.5 本章小结

本章分析了优化决策模型的目标函数对灰绿雨水设施配置及降雨量变化的敏感性，研究了灰绿雨水设施优化配置应对未来降雨量变化的有效性，建立了灰绿雨水设施适应性优化决策模型，得到应对未来降雨量变化不确定性的灰绿雨水设施最优配置规模。主要结论如下：

（1）不同的目标函数对不确定性因素的敏感性存在显著差异，成本目标对降雨量变化的敏感性不显著，效益目标不仅受降雨量变化的影响，还受灰绿雨水设施配置规模的影响。并且，上述结果在历史和未来的优化决策模型之间不存在显著差异。在实际的灰绿雨水设施配置过程中，需要重点关注对目标函数影响最大的不确定性因素，即考虑总效益目标和安全效益目标时重点关注降雨量变化的影响，考虑成本目标时重点关注灰绿雨水设施配置的影响。

（2）在优化决策模型和适应性优化决策模型下，几乎所有的目标函数在未来的降雨情景下，效益均减少，成本均增加。并且，效益减少和成本增加的幅度在不同的未来降雨情景下没有呈现出显著的差异。适应性优化决策模型的总效益最大（或安全效益最大）目标函数和成本最小目标函数之间存在着显著的竞争关系，即效益越大成本也越大。并且，总效益最大目标和安全效益最大目标之间呈现出显著的一致性，在总效益最大时安全效益也达到最大。此外，适应性优化决策模型目标值相比优化决策模型，成本最小的目标值增加，但是效益最大的目标值基本不变。上述结果表明，尽管适应性优化决策模型考虑了未来降雨的不确定性，但是目标函数之间的关系与优化决策模型一致。

（3）相比优化决策模型，通过适应性优化决策模型获得的灰绿雨水设施最优配置比例，不仅权衡了效益和成本目标之间的冲突关系，而且能够适应未来的降雨量变化，保证灰绿雨水设施配置实现较好的效益。此外，考虑气候变化及灰绿雨水设施配置不确定性得到的适应性方案（权衡解为 19.30% 调蓄池 +11.59% 雨水花园 +11.54% 绿色屋顶 +3.63% 透水铺装），可以对多种气候变化和设施配置表现出较强的适应性，能较好地减少管网溢流（权衡解对溢流的削减率为 21.37% ~ 116.26%）、削减 COD 和 SS 负荷（权衡解对 COD 和 SS 污染负荷的削减率分别为 109.06% ~ 115.33%，107.07% ~ 111.09%）、降低城市内涝风险等级。与传统策略相比，适应性方案与优化方案的内涝风险削减效果差异不大，并且适应性方案的弹性增加了 54.27% ~ 57.79%，使雨水系统的弹性提升至 0.72 ~ 0.74。

第7章 结论

本书以西安市小寨区域为研究对象，明确了历史及未来气候变化影响下的降雨演变规律；以水生态、水安全、大气环境和成本为指标，建立了灰绿雨水设施配置决策指标体系；基于设计雨型驱动的城市雨洪及面源污染 1D-2D MIKE 模型，阐明了历史及未来传统策略下的城市雨洪及面源污染特征；通过构建灰绿雨水设施优化决策模型，研究了基于多目标联动的灰绿雨水设施优化配置策略，阐明了灰绿雨水设施耦合协调机制及其对雨水系统弹性提升的作用；考虑气候变化及灰绿雨水设施配置的不确定性，提出了应对不确定性的灰绿雨水设施适应性配置决策。主要结论如下：

（1）研究区域未来年内降雨演变特征显示，未来降雨的集中度主要分布在 10 ~ 20 之间，其在年内变化具有明显的季节性，并且比历史降雨分布均匀。未来降雨在年际的变化特征较为明显，不同模式之间增加幅度差异较大。未来近期（2023 ~ 2050 年）年累计降雨量均值比历史增加 13.60mm，未来中期（2051 ~ 2080 年）年累计降雨量均值比历史增加 20.20mm，未来远期（2081 ~ 2100 年）年累计降雨量均值比历史增加 37.66mm。与历史降雨相比，未来情景下各极端降雨指标，如总降雨量、总暴雨量、暴雨日数、日最大降雨量等显著增加，强降雨日数指标增加不明显，而强降雨率显著减少。不同 CMIP6 模式间，MPI-ESM1-2-LR 模式模拟的未来极端降雨指标变化率最小。

（2）在传统策略下，研究区域历史情景的地表径流量较大，使得进入管网中的雨水量加大，87.79% ~ 99.67% 的管段超负荷运行，进一步导致 50.00% ~ 88.52% 的节点发生溢流。出口排放流量随重现期的增大而单调递增，出口的 COD 和 SS 负荷严重。研究区域内发生内涝风险的位置主要集中在地势较低的中部及西部地区，重现期为 2 ~ 50 年时，内涝面积由 1.57km^2 增加至 4.83km^2。气候变化影响下，未来降雨量的增加将显著影响城市水文及水质特征。与历史情景相比，气候变化情景下研究区域的地表径流量增加了 10.70% ~ 20.70%，超负荷管段增加了 1.58% ~ 5.85%，溢流节点增加了 24.61% ~ 46.60%，排口出流量增加了 16.37% ~ 28.85%。在气候变化影响下，随着重现期的增大，未来研究区域的内涝中、高风险区面积均有所增加，内涝风险等级上升。

（3）在灰绿策略下，历史、SSP1-2.6 情景、SSP2-4.5 情景和 SSP5-8.5 情景的灰绿雨水设施总效益目标和安全效益目标之间存在协同关系，总效益目标达到最大时安全效益目标也达到最大；总效益目标（或安全效益目标）和成本目标之间呈现出明显的竞争关系，总效益目标和安全效益目标越大时，无法实现成本目标越低。通过权衡效益目标和成本目标之间的关系，获得了较为适宜的灰绿雨水设施规模和成本。在此规模下，权衡解倾向于配置更多的绿色基础设施。灰绿雨水设施的配置比例间相互权衡，对溢流量、COD 与 SS 污染负荷、内涝深度及面积的削减效果较好。与传统策略相比，配置灰绿雨水设施后使得历史及 SSP1-2.6 情景、SSP2-4.5 情景和 SSP5-8.5 情景的弹性分别增加了 44.01%、56.18%、54.27% 和 57.80%，配置灰绿雨水设施，既能抵消未来气候变化的影响，又能提升雨水系统的性能，可以将雨水系统弹性提升至 0.72 ~ 0.74。

（4）由优化决策模型的目标函数对灰绿雨水设施配置及降雨量变化的敏感性得出，不同的目标函数对不确定性因素的敏感性存在显著的差异，成本目标对降雨量变化的敏感性不显著，效益目标不仅受降雨量变化的影响，还受灰绿雨水设施配置规模耦合协调机制的影响。灰绿雨水设施优化配置模型的目标函数在未来降雨量变化不确定性条件下，效益均减少，成本均增加。表明在优化决策模型中，考虑单独的降雨情景得到的最优配置很难应对未来不同降雨情景的不确定性。

（5）相比优化决策模型，通过适应性优化决策模型获得的灰绿雨水设施最优配置比例（权衡解为：19.30% 调蓄池 +11.59% 雨水花园 +11.54% 绿色屋顶 +3.63% 透水铺装），不仅权衡了效益和成本目标之间的冲突关系，还能够适应多种气候变化，减少管网溢流，削减 COD 和 SS 负荷、降低城市内涝风险等级、减少内涝灾害发生。与传统策略相比，适应性方案与优化方案的内涝风险削减效果差异不大，并且适应性方案的弹性增加了 54.27% ~ 57.79%，使雨水系统的弹性提升至 0.72 ~ 0.74。适应性方案不仅能够产生显著的水生态、水安全和大气环境效益，而且其应对未来气候变化情景的不确定性、降低内涝风险以及提高雨水系统弹性的效果显著。

参考文献

[1] ARIAS P A，BELLOUIN N，COPPOLA E. Technical summary. In climate change 2021：The physical science basis.Contribution of working group I to the sixth assessment report of the intergovernmental panel on climate change[M]. Cambridge：Cambridge University Press，2021.

[2] MOON S，HA K.Future changes in monsoon duration and precipitation using CMIP6[J]. Climate and Atmospheric Science，2020，3（1）：1-7.

[3] MOORE T L，GULLIVER J S，STACK L，et al.Stormwater management and climate change：Vulnerability and capacity for adaptation in urban and suburban contexts[J].Climatic Change，2016，138（3-4）：491-504.

[4] ZHOU QIANQIAN，LENG GUOYONG，SU JIONGHENG，et al.Comparison of urbanization and climate change impacts on urban flood volumes：Importance of urban planning and drainage adaptation[J].Science of The Total Environment，2019，658：24-33.

[5] ANDIMUTHU R，KANDASAMY P，MUDGAL B V，et al.Performance of urban storm drainage network under changing climate scenarios：Flood mitigation in Indian coastal city[J]. Scientific Reports，2019，9（1）：7783.

[6] FIORI A，VOLPI E.On the effectiveness of LID infrastructures for the attenuation of urban flooding at the catchment scale[J].Water Resources Research，2020，56（5）：1-21.

[7] AJJUR S B，AL-GHAMDI S G.Exploring urban growth-climate change-flood risk nexus in fast growing cities[J].Scientific Reports，2022，12（1）：12265.

[8] URICH C，RAUCH W.Exploring critical pathways for urban water management to identify robust strategies under deep uncertainties[J].Water Research，2014，66：374-389.

[9] 张建云，王银堂，胡庆芳，等.海绵城市建设有关问题讨论 [J]. 水科学进展，2016，27（6）：793-799.

[10] 李兰，李锋."海绵城市"建设的关键科学问题与思考 [J]. 生态学报，2018，38（7）：2599-2606.

[11] 王浩，梅超，刘家宏.海绵城市系统构建模式 [J]. 水利学报，2017，48（9）：1009-1014，1022.

[12] 李俊奇，张毅，王文亮.海绵城市与城市雨水管理相关概念与内涵的探讨 [J]. 建设科技，2016，（1）：30-31，36.

[13] 李家科，卢金锁，李亚娇.城镇雨洪管理与利用 [M]. 北京：中国建筑工业出版社，2022.

[14] 邵亦文，徐江.城市韧性：基于国际文献综述的概念解析 [J]. 国际城市规划，2015，30（2）：48-54.

[15] 程晓陶，刘昌军，李昌志，等.变化环境下洪涝风险演变特征与城市韧性提升策略 [J]. 水利学报，2022，53（7）：757-768，778.

[16] 周泽宇，曹颖.《国家适应气候变化战略 2035》解析与思考 [J]. 环境保护，2022，50（15）：42-46.

[17] LENG LINYUAN，MAO XUHUI，JIA HAIFENG，et al.Performance assessment of coupled green-grey-blue systems for sponge city construction[J].Science of The Total Environment，2020，728（14）：138608.

[18] THACKER S，ADSHEAD D，FAY M，et al.Infrastructure for sustainable development[J]. Nature Sustainability，2019，2（4）：324-331.

[19] ZENG Z Q，YUAN K H，LIANG J，et al.Designing and implementing an SWMM-based web service framework to provide decision support for real-time urban stormwater management[J].Environmental Modelling and Software，2021，135：104887.

[20] LEI HE，SHUAI LI，CHEN-HAO CUI，et al.Runoff control simulation and comprehensive benefit evaluation of low-impact development strategies in a typical cold climate area[J]. Environmental Research，2022，206：112630.

[21] HUANG J J，XIAO M，LI Y，et al.The optimization of low impact development placement considering life cycle cost using genetic algorithm[J].Journal of Environmental Management，2022，309：114700.

[22] YU Y，ZHOU Y，GUO Z，et al.A new LID spatial allocation optimization system at neighborhood scale：Integrated SWMM with PICEA-g using MATLAB as the platform[J]. Science of The Total Environment，2022，831：154843.

[23] XU TE，JIA HAIFENG，WANG ZHENG，et al.SWMM-based methodology for block-scale LID-BMPs planning based on site-scale multi-objective optimization：a case study in

Tianjin[J].Frontiers of Environmental Science and Engineering，2017，11（4）：1-12.

[24] GOGATE N G，KALBAR P P，RAVAL P M.Assessment of stormwater management options in urban contexts using Multiple Attribute Decision-Making[J].Journal of Cleaner Production，2017，142：2046-2059.

[25] KOC KERIM，EKMEKCIOǦLU OMER，OZGER MEHMET.An integrated framework for the comprehensive evaluation of low impact development strategies[J].Journal of Environmental Management，2021，294：113023.

[26] YANG WENYU，ZHANG JIN.Assessing the performance of gray and green strategies for sustainable urban drainage system development：A multi-criteria decision-making analysis[J]. Journal of Cleaner Production，2021，293（15）：126191.

[27] CRAIG D ZAMUDA，PETER H LARSEN，MYLES T COLLINS，et al.Monetization methods for evaluating investments in electricity system resilience to extreme weather and climate change[J].The Electricity Journal，2019，32（9）：106641.

[28] 罗陶然.基于SWMM模型的海绵城市径流水量及水质模拟[D].西安：西安工业大学，2019.

[29] 向竣文，张利平，邓瑶，等.基于CMIP6的中国主要地区极端气温/降水模拟能力评估及未来情景预估[J].武汉大学学报（工学版），2021，54（1）：46-57，81.

[30] CHAN XIAO，PEILI WU，LI XIA ZHANG，et al.Robust increase in extreme summer rainfall intensity during the past four decades observed in China[J].Scientific Reports，2017，6（1）：38506.

[31] 魏英建.变化环境对城市雨洪径流的影响及控制模拟研究[D].西安：西安理工大学，2020.

[32] GRAY LAURA C，ZHAO LEI，STILLWELL ASHLYNN S.Impacts of climate change on global total and urban runoff[J].Journal of Hydrology，2023，620：129352.

[33] LIU WEN，FENG QI，ENGEL BERNARD A，et al.Cost-effectiveness analysis of extensive green roofs for urban stormwater control in response to future climate change scenarios[J].Science of The Total Environment，2023，856：159127.

[34] WANG ZHILIN，ZHOU SHIQI，WANG MO，et al.Cost-benefit analysis of low-impact development at hectare scale for urban stormwater source control in response to anticipated climatic change[J].Journal of Environmental Management，2020，264：110483.

[35] 张瀚.气候变化与城市化对珠三角地区城市洪涝灾害风险影响研究[D].广州：华南理工大学，2019.

[36] DENG ZIFENG，WANG ZHAOLI，WU XUSHU，et al.Strengthened tropical cyclones and higher flood risk under compound effect of climate change and urbanization across China's

Greater Bay Area[J].Urban Climate，2022，44：101224.

[37] ROSE S.The effects of urbanization on the hydrochemistry of base flow within the Chattahoochee River Basin（Georgia，USA）[J].Journal of Hydrology，2007，341（1-2）：42-54.

[38] 李俊奇，孙瑶，李小静，等．海绵城市径流雨水水质监测研究 [J]. 给水排水，2021，57（6）：68-74.

[39] 李俊奇，姜昱丞，李小静．雨水径流污染削减与源头体积控制之间的响应关系 [J]. 中国给水排水，2021，37（15）：102-109.

[40] 王倩，张琼华，王晓昌．国内典型城市降雨径流初期累积特征分析 [J]. 中国环境科学，2015，35（6）：1719-1725.

[41] 李帅杰，栗玉鸿，羊娅萍，等．城市新区雨水径流污染模拟分析及其控制措施研究 [J]. 给水排水，2021，57（5）：72-77.

[42] 吴亚刚．西安市文教区不同下垫面径流污染特征 [D]. 西安：长安大学，2018.

[43] SHU MIN WANG，QIANG HE，HAI NAN AI，et al.Pollutant concentrations and pollution loads in stormwater runoff from different land uses in Chongqing[J].Journal of Environmental Sciences，2013，25（3）：502-510.

[44] 王显海，来庆云，杜靖宇，等．宁波市城区不同下垫面降雨径流水质特征分析 [J]. 环境工程，2016，34（S1）：312-316.

[45] 王墨．应对气候变化和城市发展的城市雨洪管控模式研究 [D]. 厦门：福建农林大学，2017.

[46] 李家科，李怀恩，李亚娇，等．城市雨水径流净化与利用技术研究 [M]. 北京：科学出版社，2016.

[47] 戎贵文，李姗姗，甘丹妮，等．不同 LID 组合对水质水量影响及成本效益分析 [J]. 南水北调与水利科技（中英文），2022，20（1）：21-29.

[48] 戎贵文，甘丹妮，李姗姗，等．不同 LID 设施的面积比例优选及径流污染控制效果 [J]. 水资源保护，2022，38（3）：168-173，204.

[49] 秦攀．子汇水区划分精度对 SWMM 模型应用于城市非点源污染负荷估算影响的研究 [D]. 北京：中国环境科学研究院，2015.

[50] 岳桢铻，李一平，周玉璇，等．南宁市老城区降雨径流溯源及污染特征分析 [J]. 环境科学，2022，43（4）：2018-2029.

[51] LIU YAOZE，THELLER LAWRENCE O，PIJANOWSKI BRY AN C，et al.Optimal selection and placement of green infrastructure to reduce impacts of land use change and climate change on hydrology and water quality：An application to the Trail Creek Watershed，Indiana[J].Science of The Total Environment，2016，553：149-163.

[52] 徐宗学，叶陈雷 . 城市暴雨洪涝模拟：原理、模型与展望 [J]. 水利学报，2021，52（4）：381-392.

[53] BULTI DEYENE TESEMA，ABEBE BIRHANU GIRMA.A review of flood modeling methods for urban pluvial flood application[J].Modeling Earth Systems and Environment，2020，6（3）：1293-1302.

[54] BEHZAD J，PETER M B，ANA D.Rainwater harvesting for urban flood management - An integrated modelling framework[J].Water Research，2020，171：115372.

[55] 夏军，张印，梁昌梅，等 . 城市雨洪模型研究综述 [J]. 武汉大学学报（工学版），2018，51（2）：95-105.

[56] 初亚奇，王曦，曹晓妍，等 . 城市内涝风险模拟与预警研究进展及展望 [J]. 沈阳建筑大学学报（社会科学版），2023，25（2）：180-185.

[57] 曾照洋，赖成光，王兆礼，等 . 基于 WCA2D 与 SWMM 模型的城市暴雨洪涝快速模拟 [J]. 水科学进展，2020，31（1）：29-38.

[58] 王兆礼，陈昱宏，赖成光 . 基于 TELEMAC-2D 和 SWMM 模型的城市内涝数值模拟 [J]. 水资源保护，2022，38（1）：117-124.

[59] RARISA HOSSEINZADEHTALAEI，NABILLA KHAIRUNNISA ISHADI，HOSSEIN TABARI，et al.Climate change impact assessment on pluvial flooding using a distribution-based bias correction of regional climate model simulations[J].Journal of Hydrology，2021，598：126239.

[60] JINJIN HOU，YONGYONG ZHANG，JUN XIA，et al.Simulation and assessment of projected climate change impacts on urban flood events：Insights from flooding characteristic metrics[J].Journal of Geophysical Research：Atmospheres，2022，127（3）：2021JD035360.

[61] SEYEDASHRAF OMID，BOTTACIN-BUSOLIN ANDREA，HAROU JULIEN J.Many-objective optimization of sustainable drainage systems in urban areas with different surface slopes[J].Water Resources Management，2021，35（8）：2449-2464.

[62] JIA HAIFENG，YAO HAIRONG，TANG YING，et al.LID-BMPs planning for urban runoff control and the case study in China[J].Journal of Environmental Management，2014，149：65-76.

[63] 蒋春博，李家科，高佳玉，等 . 海绵城市建设雨水基础设施优化配置研究进展 [J]. 水力发电学报，2021，40（3）：19-29.

[64] 张潇月，李玥，王晨杨，等 . 面向不同需求的未来社区海绵源头设施布局方法 [J]. 清华大学学报（自然科学版），2023，63（9）：1483-1492.

[65] WANG ZHAOLI，LI SHANSHAN，WU XIAOQING，et al.Impact of spatial discretization resolution on the hydrological performance of layout optimization of LID practices[J].Journal

of Hydrology，2022，612：128113.

[66] 唐颖 .SUSTAIN 支持下的城市降雨径流最佳管理 BMP 规划研究 [D]. 北京：清华大学，2010.

[67] MACRO K，MATOTT L S，RABIDEAU A，et al.OSTRICH-SWMM：A new multi-objective optimization tool for green infrastructure planning with SWMM[J].Environmental Modelling and Software，2019，113：42-47.

[68] ECKART K，MCPHEE Z，BOLISETTI T.Multiobjective optimization of low impact development stormwater controls[J].Journal of Hydrology，2018，562：564-576.

[69] 李航 . 基于 LID 调控的雨水系统建模及优化研究 [D]. 青岛：青岛理工大学，2016.

[70] 陶涛，肖涛，王林森，等 . 海绵城市低影响开发设施多目标优化设计 [J]. 同济大学学报（自然科学版），2019，47（1）：92-96.

[71] 杨慧，范硕硕，王岩，等 . 基于径向基函数代理模型的 M 形杆刚度优化 [J]. 北京航空航天大学学报，2022，48（11）：2121-2129.

[72] 赵海龙 . 可靠性和可靠性灵敏度分析的函数替代方法研究及应用 [D]. 西安：西北工业大学，2015.

[73] LATIFI MORVARID，RAKHSHANDEHROO GHOLAMREZA，NIKOO MOHAMMAD REZA，et al.A game theoretical low impact development optimization model for urban storm water management[J].Journal of Cleaner Production，2019，241：118323.

[74] ZHANG WEN，LI JING，CHEN YUNHAO，et al.A surrogate-based optimization design and uncertainty analysis for urban flood mitigation[J].Water Resources Management，2019，33（12）：4201-4214.

[75] LU WEI，XIA WEI，SHOEMAKER CHRISTINE A.Surrogate global optimization for identifying cost- effective green infrastructure for urban flood control with a computationally expensive inundation model[J].Water Resources Research，2022，58（4）：e2021WR030928.

[76] 李江云，李瑶，胡子欣 . 灰绿耦合雨洪系统多目标优化建模与应用研究 [J]. 水资源保护，2022，38（6）：49-55，80.

[77] WANG SHENG，FU JIA，WANG HENG.Unified and rapid assessment of climate resilience of urban drainage system by means of resilience profile graphs for synthetic and real（persistent）rains[J].Water Research，2019，162：11-21.

[78] 田展，吴文娴，刘俊国，等 . 深度不确定性下沿海洪水气候变化适应决策方法述评 [J]. 科学通报，2022，67（22）：2638-2650.

[79] 周天军，邹立维，陈晓龙 . 第六次国际耦合模式比较计划（CMIP6）评述 [J]. 气候变化研究进展，2019，15（5）：445-456.

[80] CHAE SEUNG TAEK，CHUNG EUN-SUNG，JIANG JIPING.Robust siting of permeable pavement in highly urbanized watersheds considering climate change using a combination of Fuzzy-TOPSIS and the VIKOR method[J].Water Resources Management，2022，36（3）：951-969.

[81] ZHONGFENG XU，YING HAN，CHI-YUNG TAM，et al.Bias-corrected CMIP6 global dataset for dynamical downscaling of the historical and future climate（1979-2100）[J]. Scientific Data，2021，8（1）：293.

[82] 张丽霞，陈晓龙，辛晓歌 .CMIP6 情景模式比较计划（ScenarioMIP）概况与评述 [J]. 气候变化研究进展，2019，15（5）：519-525.

[83] 刘迪 . 气候变化对雨水收集能力影响的不确定性分析 [D]. 北京：北京建筑大学，2021.

[84] KINGSTON D G，THOMPSON J R，KITE G.Uncertainty in climate change projections of discharge for the Mekong River Basin[J].Hydrology and Earth System Sciences，2011，15（5）：1459-1471.

[85] QUENTIN LEPEUNE，EDOUARD L DAVIN，LUKAS GUDMUNDSSON，et al.Historical deforestation locally increased the intensity of hot days in northern mid-latitudes[J].Nature Climate Change，2018，8（5）：386-390.

[86] WIN THIERY，AUKE J VISSER，ERICH M FISCHER，et al.Warming of hot extremes alleviated by expanding irrigation[J].Nature Communications，2020，11（1）：290.

[87] TIMBAL B，JONES D A. Future projections of winter rainfall in southeast Australia using a statistical downscaling technique[J]. Climatic Change，2008，86（1-2）：165-187.

[88] 张琴，张利平，邓瑶，等 . 气候模式与水文模拟关键技术研究进展及展望 [J]. 气象科技进展，2021，11（3）：126-134.

[89] DAREN HARMEL R，SMITH P K.Consideration of measurement uncertainty in the evaluation of goodness-of-fit in hydrologic and water quality modeling[J].Journal of Hydrology，2007，337（3-4）：326-336.

[90] HØJBERG A L，REFSGAARD J C.Model uncertainty—parameter uncertainty versus conceptual models[J].Water Science and Technology，2005，52（6）：177-186.

[91] BUTTS M B，PAYNE J T，KRISTENSEN M，et al.An evaluation of the impact of model structure on hydrological modelling uncertainty for streamflow simulation[J].Journal of Hydrology，2004，298（1/4）：242-266.

[92] THORNDAHL S，BEVEN K J，JENSEN J B，et al.Event based uncertainty assessment in urban drainage modelling，applying the GLUE methodology[J].Journal of Hydrology，2008，357（3-4）：421-437.

[93] SYTSMA A，CROMPTON O，PANOS C，et al.Quantifying the uncertainty created by

non- transferable model calibrations across climate and land cover scenarios：A case study with SWMM[J].Water Resources Research，2022，58（2）：e2021WR031603.

[94] 闫雪嫚，卢文喜，欧阳琦．基于替代模型的非点源污染模拟不确定性分析——以石头口门水库汇水流域为例 [J]. 中国环境科学，2017，37（8）：3011-3018.

[95] 张力，赵自阳，王红瑞，等．气候变化下水文模拟不确定性若干问题讨论 [J]. 水资源保护，2023，39（1）：109-118，149.

[96] 梁识栋．高维参数水质模型参数不确定性分析方法研究 [D]. 北京：清华大学，2016.

[97] KUNDZEWICZ Z W，KRYSANOVA V，BENESTAD R E，et al.Uncertainty in climate change impacts on water resources[J].Environmental Science and Policy，2018，79：1-8.

[98] LEMPERT R J，GROVES D G，POPPER S W，et al.A general，analytic method for generating robust strategies and narrative scenarios[J].Management Science，2006，52（4）：514-528.

[99] HAASNOOT M，MIDDELKOOP H，OFFERMANS A，et al.Exploring pathways for sustainable water management in river deltas in a changing environment[J].Climatic Change，2012，115（3-4）：795-819.

[100] KWAKKEL J H，WALKER W E，MARCHAU V W J.Adaptive airport strategic planning[J].European Journal of Transport and Infrastructure Research，2010，10（3）：249.

[101] HAASNOOT M，KWAKKEL J H，WALKER W E，et al.Dynamic adaptive policy pathways：A method for crafting robust decisions for a deeply uncertain world[J].Global Environmental Change，2013，23（2）：485-498.

[102] DELETIC A，DOTTO C B S，MCCARTHY D T，et al.Assessing uncertainties in urban drainage models[J].Physics and Chemistry of the Earth，Parts A/B/C，2012，42-44：3-10.

[103] HASSANI MOHAMMAD REZA，NIKSOKHAN MOHAMMAD HOSSEIN，JANBEHSARAYI SEYYECL FARRID MOUSAVI，et al.Multi-objective robust decision-making for LIDs implementation under climatic change[J].Journal of Hydrology，2023，617：128954.

[104] BABOVIC F，MIJIC A.The development of adaptation pathways for the long-term planning of urban drainage systems[J].Journal of Flood Risk Management，2019，12（S2）：1-12.

[105] 白桦．不确定条件下分流制城市排水系统优化设计方法研究 [D]. 北京：清华大学，2016.

[106] HU HENGZHI，TIAN ZHAN，SUN LAIXIANG，et al.Synthesized trade-off analysis of flood control solutions under future deep uncertainty：An application to the central business district of Shanghai[J].Water Research，2019，166：115067.

[107] SHARMA SANYIB，LEE BEN SEIYON，NICHOLAS ROBERT E，et al.A safety factor approach to designing urban infrastructure for dynamic conditions[J]. Earth's Future，2021，

9（12）：e2021EF002118.

[108] 中国电建集团西北勘测设计研究院有限公司．西安市小寨区域海绵城市详细规划 [Z]. 西安：中国电建集团西北勘测设计研究院有限公司，2018.

[109] 中华人民共和国住房和城乡建设部．城市用地分类与规划建设用地标准：GB 50137-2011[S]．北京：中国计划出版社，2012.

[110] 陈艺文．城市绿地的海绵效应研究 [D]. 南京：东南大学，2017.

[111] 牛樱．西安市小寨区域海绵城市建设项目技术总结 [J]. 给水排水，2020，56（S1）：613-618.

[112] HE J，YANG K，TANG W，et al.The first high-resolution meteorological forcing dataset for land process studies over China[J].Scientific Data，2020，7（1）：1-11.

[113] YANG KUN，HE JIE，TANG WENYUN，et al.On downward shortwave and longwave radiations over high altitude regions：Observation and modeling in the Tibetan Plateau[J]. Agricultural and Forest Meteorology，2010，150（1）：38-46.

[114] 马冰然，曾逸凡，曾维华，等．气候变化背景下城市应对极端降水的适应性方案研究——以西宁海绵城市试点区为例 [J]. 环境科学学报，2019，39（4）：1361-1370.

[115] 赵卉，张明顺，潘润泽．基于小波分析的海绵城市试点未来降雨变化预测分析研究 [J]. 给水排水，2019，55（9）：29-35.

[116] EYRING VERONIKA，BONY SANDRINE，MEEHL GERALD A，et al.Overview of the Coupled Model Intercomparison Project Phase 6（CMIP6）experimental design and organization[J].Geoscientific Model Development，2016，9（5）：1937-1958.

[117] 赵彦茜，肖登攀，柏会子 .CMIP5 气候模式对中国未来气候变化的预估和应用 [J]. 气象科技，2019，47（4）：608-621.

[118] KARAMOUZ M，NAZIF S，ZAHMATKESH Z.Self-organizing gaussian-based downscaling of climatedata for simulation of urban drainage systems[J].Journal of Irrigation and Drainage Engineering，2013，139（2）：98-112.

[119] RASTOGI DEEKSHA，KAO SHIH-CHIEH，ASHFAQ MOETASIM.How may the choice of downscaling techniques and meteorological reference observations affect future hydroclimate projections?[J].Earth's Future，2022，10（8）：e2022EF002734.

[120] 张庆杰，陶辉，苏布达，等．基于 CMIP6 气候模式的新疆积雪深度时空格局研究 [J]. 冰川冻土，2021，43（5）：1435-1445.

[121] SU BUDA，HUANG JINLONG，MONDAL SANYIT KUMAR，et al.Insight from CMIP6 SSP-RCP scenarios for future drought characteristics in China[J].Atmospheric Research，2021，250：105375.

[122] WENQING LIN，HUOPO CHEN.Assessment of model performance of precipitation extremes over the midhigh latitude areas of Northern Hemisphere：from CMIP5 to

CMIP6[J].Atmospheric and Oceanic Science Letters，2020，13（6）：598-603.

[123] 贾路，于坤霞，邓铭江，等．西北地区降雨集中度时空演变及其影响因素 [J]. 农业工程学报，2021，37（16）：80-89.

[124] DONG SIYAN，SUN YING，LI CHAO，et al.Attribution of extreme precipitation with updated observations and CMIP6 simulations[J].Journal of Climate，2021，34（3）：871-881.

[125] 张佳怡，伦玉蕊，刘浏，等 .CMIP6 多模式在青藏高原的适应性评估及未来气候变化预估 [J]. 北京师范大学学报（自然科学版），2022，58（1）：77-89.

[126] O'NEILL B C，KRIEGLER E，EBI K L，et al.The roads ahead：Narratives for shared socioeconomic pathways describing world futures in the 21st century[J].Global Environmental Change，2017，42：169-180.

[127] TATEBE H，OGURA T，NITTA T，et al.Description and basic evaluation of simulated mean state，internal variability，and climate sensitivity in MIROC6[J].Geoscientific Model Development，2019，12（7）：2727-2765.

[128] 万一帆．南昌市城市化进程及其对暴雨洪涝风险的影响研究 [D]. 南昌：南昌工程学院，2020.

[129] 李家科，蒋春博，李怀恩，等．海绵城市低影响开发设施优化设计与配置研究 [M]. 北京：科学出版社，2021.

[130] 中华人民共和国住房和城乡建设部．海绵城市建设评价标准：GB/T 51345-2018[S]．北京：中国建筑工业出版社，2019.

[131] 国家市场监督管理总局．新型智慧城市评价指标：GB/T 33356-2022[S]．北京：中国标准出版社，2022.

[132] 山成菊，董增川，樊孔明，等．组合赋权法在河流健康评价权重计算中的应用 [J]. 河海大学学报（自然科学版），2012，40（6）：622-628.

[133] DADRASAJIRLOU Y，KARAMI H，MIRJALILI S.Using AHP-PROMOTHEE for selection of best Low-Impact Development designs for urban flood mitigation[J].Water Resources Management，2023，37（1）：375-402.

[134] 田军，张朋柱，王刊良，等．基于德尔菲法的专家意见集成模型研究 [J]. 系统工程理论与实践，2004，（1）：57-62，69.

[135] 肖满生，阳娣兰，张居武，等．基于模糊相关度的模糊 C 均值聚类加权指数研究 [J]. 计算机应用，2010，30（12）：3388-3390.

[136] 薛会琴．多属性决策中指标权重确定方法的研究 [D]. 兰州：西北师范大学，2008.

[137] 于孝洋．公众获取科技信息渠道中评判权重确定的研究 [D]. 沈阳：东北大学，2015.

[138] SAATY T L.Decision making with the analytic hierarchy process[J].International Journal of Services Sciences，2008，1（1）：83.

[139] LI QIAN，WANG FENG，YU YANG，et al.Comprehensive performance evaluation of LID practices for the sponge city construction：A case study in Guangxi，China[J].Journal of Environmental Management，2019，231：10-20.

[140] 党菲 . 海绵城市建设综合效益及其货币化研究 [D]. 西安：西安理工大学，2019.

[141] 国家电网陕西省电力有限公司 . 陕西电网（不含榆林地区）销售电价表 [EB/OL].（2023-05-28）[2023-06-01].http：//www.sn.sgcc.com.cn/.

[142] 何静，陈锡康 . 我国水资源影子价格动态可计算均衡模型 [J]. 水利水电科技进展，2005（1）：12-13.

[143] 崇佳文，徐乐中，李翠梅，等 . 渗透铺装对降雨径流水文水质调控效果分析 [J]. 南水北调与水利科技，2018，16（2）：115-121.

[144] 穆聪 . 海绵城市低影响开发设施调控效果及综合效益研究 [D]. 西安：西安理工大学，2020.

[145] 西安市自来水有限公司 . 西安市自来水价格公示 [EB/OL].（2015-12-15）[2022-05-10]. https：//www.xazls.com/html/shoufeibiaozhun.

[146] 杨丰潞，杨高升 . 海绵城市背景下 LID 措施综合效益量化研究 [J]. 资源与产业，2020，22（6）：75-81.

[147] WANG MO，ZHANG DONGQING，ADHITYAN APPAN，et al.Assessing cost-effectiveness of bioretention on stormwater in response to climate change and urbanization for future scenarios[J].Journal of Hydrology，2016，543：423-432.

[148] ZHU YIFEI，XU CHANGQING，YIN DINGKUN，et al.Environmental and economic cost-benefit comparison of sponge city construction in different urban functional regions[J]. Journal of Environmental Management，2022，304（15）：114230.

[149] 肖楠 . 城市内涝弹性分析与防治措施方案研究 [D]. 大连：大连理工大学，2019.

[150] 彭祖平 . 基于 SWMM 的灰绿基础设施组合方案优化与评价 [D]. 杭州：浙江工业大学，2020.

[151] 刘文波 . 基于水质目标的雨水径流污染控制研究 [D]. 西安：西安理工大学，2020.

[152] 张旭 . 基于 MIKE FLOOD 耦合模型的西咸新区沣西新城内涝模拟研究 [D]. 西安：西安理工大学，2021.

[153] 王世旭 . 基于 MIKE FLOOD 的济南市雨洪模拟及其应用研究 [D]. 济南：山东师范大学，2015.

[154] 王英 . 基于 MIKE FLOOD 的城区雨洪模拟与内涝风险评估 [D]. 邯郸：河北工程大学，2018.

[155] 杨志 . 基于 MIKE FLOOD 的城市内涝耦合模型应用研究 [D]. 合肥：安徽建筑大学，2021.

[156] 杨静，洪德松，张斌 . 基于高精度 MIKE 模型的居住小区雨水系统评价及内涝积水分析

[J]. 水利与建筑工程学报，2019，17（3）：236-241.

[157] 赵月 . 基于 MIKE 模型的城市典型区内涝模拟及排水除涝方案效果研究 [D]. 西安：西安理工大学，2021.

[158] 中华人民共和国住房和城乡建设部 . 室外排水设计标准：GB 50014-2021[S] . 北京：中国计划出版社，2021.

[159] 朱来福 . 变化环境下基于整体模式的城市洪涝过程研究 [D]. 西安：西安理工大学，2019.

[160] 薛树红 . 变化环境下西安市城市雨洪模拟及控制研究 [D]. 西安：西安理工大学，2018.

[161] 薛树红，高徐军，刘园，等 . 西安市小寨区域城市雨洪综合模拟与解析研究 [J]. 人民黄河，2023，45（6）：32-36，42.

[162] XIUDI ZHU，QIANG ZHANG，PENG SUN，et al.Impact of urbanization on hourly precipitation in Beijing，China：Spatiotemporal patterns and causes[J].Global and Planetary Change，2019，172：307-324.

[163] LYU HAI-MIN，SHEN SHUI-LONG，ZHOU ANNAN，et al.Perspectives for flood risk assessment and management for mega-city metro system[J].Tunnelling and Underground Space Technology，2019，84：31-44.

[164] ZHUOQUN GAO，RAYMOND GEDDES，TAO MA.Direct and indirect economic losses using typhoon-flood disaster analysis：an application to Guangdong Province，China[J]. Sustainability，2020，12（21）：8980.

[165] BISHT D S，CHATTERJEE C，KALAKOTI S，et al.Modeling urban floods and drainage using SWMM and MIKE URBAN：a case study[J].Natural Hazards，2016，84（2）：749-776.

[166] WANG YUNTAO，MENG FANLIN，LIU HAIXING，et al.Assessing catchment scale flood resilience of urban areas using a grid cell based metric[J].Water Research，2019，163：114852.

[167] 李若男 . 高精度城市暴雨内涝灾害危险性模拟与韧性优化策略研究 [D]. 上海：华东师范大学，2019.

[168] GOLOBOFF P A，ARIAS J S.Likelihood approximations of implied weights parsimony can be selected over the Mk model by the Akaike information criterion[J].Cladistics，2019，35（6）：695-716.

[169] DING XINGCHEN，LIAO WEIHONG，LEI XIAOHUI，et al.Assessment of the impact of climate change on urban flooding：A case study of Beijing，China[J].Journal of Water and Climate Change，2022，13（10）：3692-3715.

[170] 中华人民共和国水利部 . 城市防洪应急预案编制导则：SL 754-2017[S] . 北京：中国水利水电出版社，2017.

[171] 黄晓远，李谢辉 . 基于 CMIP6 的西南暴雨洪涝灾害风险未来预估 [J]. 应用气象学报，2022，33（2）：231-243.

[172] CHEN XIAOLI，ZHANG HAN，CHEN WENYIE，et al.Urbanization and climate change impacts on future flood risk in the Pearl River Delta under shared socioeconomic pathways[J].Science of The Total Environment，2021，762：143144.

[173] POUR S H，WAHAB A K A，SHAHID S，et al.Low impact development techniques to mitigate the impacts of climate-change-induced urban floods：Current trends，issues and challenges[J].Sustainable Cities and Society，2020，62：102373.

[174] 印定坤，陈正侠，李骐安，等 . 降雨特征对多雨城市海绵改造小区径流控制效果的影响 [J]. 清华大学学报（自然科学版），2021，61（1）：50-56.

[175] LUAN BO，YIN RUIXUE，XU PENG，et al.Evaluating green stormwater infrastructure strategies efficiencies in a rapidly urbanizing catchment using SWMM-based TOPSIS[J]. Journal of Cleaner Production，2019，223：680-691.

[176] DONG XIN，GUO HAO，ZENG SIYU.Enhancing future resilience in urban drainage system：Green versus grey infrastructure[J].Water Research，2017，124：280-289.

[177] LENG LINYUAN，JIA HAIFENG，CHEN ALBERT S，et al.Multi-objective optimization for green-grey infrastructures in response to external uncertainties[J].Science of the Total Environment，2021，775：145831.

[178] LIU ZIJING，XU CHANGQING，XU TE，et al.Integrating socioecological indexes in multiobjective intelligent optimization of green-grey coupled infrastructures[J].Resources，Conservation and Recycling，2021，174：105801.

[179] RAEI EHSAN，ALIZADEH MOHAMMAD REZA，NIKOO MOHAMMAD REZA，et al.Multi-objective decision-making for green infrastructure planning（LID-BMPs）in urban storm water management under uncertainty[J].Journal of Hydrology，2019，579：124091.

[180] 李孟钒 . 海绵城市背景下调蓄池水量调控规则研究 [D]. 西安：西安理工大学，2019.

[181] 王建龙，张长鹤，席广朋 . 基于多目标遗传算法的城市内涝调蓄池规模优化方法研究 [J]. 环境工程，2023，41（6）：166-173.

[182] YAO YUTONG，LI JIAKE，LV PENG，et al.Optimizing the layout of coupled grey-green stormwater infrastructure with multi-objective oriented decision making[J].Journal of Cleaner Production，2022，367：133061.

[183] GREEN D，O'DONNELL E，JOHNSON M，et al.Green infrastructure：The future of urban flood risk management?[J].WIREs Water，2021，8（6）：e1560.

[184] 马萌华，李家科，邓陈宁 . 基于 SWMM 模型的城市内涝与面源污染的模拟分析 [J]. 水力发电学报，2017，36（11）：62-72.

[185] MALAVIYA P，SINGH A.Constructed wetlands for management of urban stormwater runoff[J].Critical Reviews in Environmental Science and Technology，2012，42（20）：2153-2214.

[186] TAHMASEBI BIRGANI Y，YAZDANDOOST F.An integrated framework to evaluate resilient-sustainable urban drainage management plans using a combined-adaptive MCDM technique[J].Water Resources Management，2018，32（8）：2817-2835.

[187] MUGUME S N，GOMEZ D E，FU G，et al.A global analysis approach for investigating structural resilience in urban drainage systems[J].Water Research，2015，81：15-26.

[188] 陈卫佳．可持续城市雨水系统的弹性评估研究 [D]. 重庆：重庆大学，2019.

[189] LEANDRO J，CHEN K-F，WOOD R R，et al.A scalable flood-resilience-index for measuring climate change adaptation：Munich city[J].Water Research，2020，173：115502.

[190] PIANOSI F，SARRAZIN F，WAGENER T.A Matlab toolbox for global sensitivity analysis[J].Environmental Modelling and Software，2015，70：80-85.

[191] GHODSI S H，KERACHIAN R，ESTALAKI S M，et al.Developing a stochastic conflict resolution model for urban runoff quality management：Application of info-gap and bargaining theories[J].Journal of Hydrology，2016，533：200-212.

[192] MOALLEMI E A，ELSAWAH S，RYAN M J.Robust decision making and Epoch-Era analysis：A comparison of two robustness frameworks for decision-making under uncertainty[J].Technological Forecasting and Social Change，2020，151：119797.

[193] KASPRZYK J R，NATARAJ S，REED P M，et al.Many objective robust decision making for complex environmental systems undergoing change[J].Environmental Modelling and Software，2013，42：55-71.

[194] REN KANG，HUANG SHENGZHI，HUANG QIANG，et al.Defining the robust operating rule for multi-purpose water reservoirs under deep uncertainties[J].Journal of Hydrology，2019，578：124134.

[195] MEYSAMI ROJIN，NIKSOKHAN MOHAMMAD HOSSEIN.Evaluating robustness of waste load allocation under climate change using multi-objective decision making[J].Journal of Hydrology，2020，588：125091.

[196] HERMAN J D，REED P M，ZEFF H B，et al.How should robustness be defined for water systems planning under change?[J].Journal of Water Resources Planning and Management，2015，141（10）：04015012.

[197] MCPHAIL C，MAIER H R，KWAKKEL J H，et al.Robustness metrics：How are they calculated，when should they be used and why do they give different results?[J].Earth's

Future，2018，6（2）：169-191.

[198] HER YOUNGGU，JEONG JAEHAK，ARNOLD JEFFREY，et al.A new framework for modeling decentralized low impact developments using Soil and Water Assessment Tool[J]. Environmental Modelling and Software，2017，96：305-322.

[199] VANUYTRECHT E，VAN MECHELEN C，VAN MEERBEEK K，et al.Runoff and vegetation stress of green roofs under different climate change scenarios[J].Landscape and Urban Planning，2014，122：68-77.

[200] TIRPAK R A，HATHAWAY J M，KHOJANDI A，et al.Building resiliency to climate change uncertainty through bioretention design modifications[J].Journal of Environmental Management，2021，287：112300.

[201] SADR S M K，CASAL-CAMPOS A，FU G，et al.Strategic planning of the integrated urban wastewater system using adaptation pathways[J].Water Research，2020，182：116013.

[202] WANG MO，ZHANG YU，ZHANG DONGQING，et al.Life-cycle cost analysis and resilience consideration for coupled grey infrastructure and low-impact development practices[J].Sustainable Cities and Society，2021，75：103358.

[203] YIN D，ZHANG X，CHENG Y，et al.Can flood resilience of green-grey-blue system cope with future uncertainty?[J].Water Research，2023，242：120315.

[204] 高曼，池勇志，赵建海，等.基于边际效益分析的 LID 设施组合比例研究 [J]. 中国给水排水，2019，35（9）：127-132，138.

[205] DUAN HUAN-FENG，LI FEI，YAN HEXIANG.Multi-objective optimal design of detention tanks in the urban stormwater drainage system：LID implementation and analysis[J].Water Resources Management，2016，30（13）：4635-4648.

[206] GENG R，SHARPLEY A N.A novel spatial optimization model for achieve the trad-offs placement of best management practices for agricultural non-point source pollution control at multi-spatial scales[J].Journal of Cleaner Production，2019，234：1023-1032.

[207] KUN ZHANG，TING FONG MAY CHUI.A comprehensive review of spatial allocation of LID-BMP-GI practices：Strategies and optimization tools[J].Science of The Total Environment，2018，621：915-929.

[208] XING YI-JIA，CHEN TSE-LUN，GAO MENG-YAO，et al.Comprehensive performance evaluation of green infrastructure practices for urban watersheds using an Engineering-Environmental-Economic（3E）Model[J].Sustainability，2021，13（9）：4678.